全国职业院校"十二五"规划课程改革创新教材

全国职业院校通用教材

计算机应用基础
（Windows 7+Office 2010）上机指导

蓝雪芬　覃志奎　主编

电子工业出版社

Publishing House of Electronics Industry

北京·BEIJING

内 容 简 介

本书是与《计算机应用基础（Windows 7+Office 2010）》配套的实验指导教材。内容主要包括计算机基础知识模块、中文 Windows 操作系统模块、中英文录入模块、Word 2010 模块、Excel 2010 模块、PowerPoint 2010 模块、因特网应用模块等。

本书有两种性质的实验：一种是示范性质，边做边解释，旨在指导学生；一种是布置给学生做的实验题目。本书还配备一张材质库光盘，学生可根据实验内容，直接从材质库光盘中调取相应素材，方便学生实验，光盘内容可直接从网上下载。根据国家教育部评估要求，本书设计了规范的实验报告，学生可直接填写，提高实验课效果。

本书内容全面且重点突出，行文流畅，着重基础和实际应用相结合，可作为职业院校计算机专业及其他专业的教学使用教材，也可以作为计算机爱好者、办公人员及创业者的自学用书。

未经许可，不得以任何方式复制或抄袭本书之部分或全部内容。
版权所有，侵权必究。

图书在版编目（CIP）数据

计算机应用基础（Windows 7+Office 2010）上机指导 / 蓝雪芬，覃志奎主编．—北京：电子工业出版社，2017.1
ISBN 978-7-121-30750-8

Ⅰ.①计… Ⅱ.①蓝… ②覃… Ⅲ.①Windows操作系统—中等专业学校—教学参考资料②办公自动化—应用软件—中等专业学校—教学参考资料 Ⅳ.①TP316.7 ②TP317.1

中国版本图书馆 CIP 数据核字（2016）第 319722 号

策划编辑：祁玉芹
责任编辑：张瑞喜
印　　刷：中国电影出版社印刷厂
装　　订：中国电影出版社印刷厂
出版发行：电子工业出版社
　　　　　北京市海淀区万寿路 173 信箱　邮编　100036
开　　本：787×1092　1/16　印张：8.5　字数：207 千字
版　　次：2017 年 1 月第 1 版
印　　次：2017 年 1 月第 1 次印刷
定　　价：18.00 元

凡所购买电子工业出版社图书有缺损问题，请向购买书店调换。若书店售缺，请与本社发行部联系，联系及邮购电话：（010）88254888，88258888。
质量投诉请发邮件至 zlts@phei.com.cn，盗版侵权举报请发邮件至 dbqq@phei.com.cn。
本书咨询联系方式：qiyuqin@phei.com.cn。

编委会名单

主　编　蓝雪芬　覃志奎
副主编　蓝艳桃　杨秀华　韦锦春
　　　　李　晓　戴琪瑛
编　委　吴桂梅　陈　英
　　　　覃少魏　韩　勇

前 言
preface

  计算机应用基础是面向普通高校非计算机专业学生的一门重要课程，内容包括计算机与信息技术的基础知识和基本操作。这些内容实践性强，只靠课堂教学是很难掌握的。以往的实验教材偏重于对命令的理解和操作，学生上实验课时目的不明确，盲目性大，效果较差，虽然掌握了一定的理论基础知识，但动手能力差。因此，为了培养新型的应用型人才，加强实践环节，加强对学生进行计算机应用能力的培养和训练，注重培养学生综合能力，编写一本好的实验教材显得非常重要。

  本教材紧密结合《计算机应用基础（Windows 7+Office 2010）》一书，以 Windows 7、Office 2010 为背景软件，内容主要包括计算机基础、中文 Windows 操作系统、中英文录入、Word 2010、Excel 2010、PowerPoint 2010、因特网应用等。根据教材精选了选择题、填空题和判断题。

  本书面向教学全过程，精选了各种实验习题，内容全面丰富，渗透到课本中的各个知识点，达到一定深度和广度。本书还配有一张材质库光盘，克服以往学生因每一实验都反复不断地录入文字、画表格、找素材而浪费大量时间的缺点，使学生有更多的时间去进行技能培养和训练。配套的材质库光盘可直接从华信教育资源网（www.hexdu.com.cn）下载。另外，根据国家教育部的评估要求，设计了标准规范的实验报告，学生可以直接填写实验结果，使实验效果更好。

  本书由蓝雪芬、覃志奎主编，蓝艳桃、杨秀华、韦锦春、李晓和戴琪瑛副主编，参加本书编写的人员还有吴桂梅、陈英、覃少魏和韩勇等。由于作者水平有限，本书难免有不足之处，诚请读者批评指正。我们的 E-mail 地址：qiyuqin@phei.com.cn。

编 者
2016 年 11 月

目 录 contents

模块一　计算机基础知识 ·· 1
　　一、填空题 ·· 1
　　二、单项选择题 ·· 1
　　三、判断题 ·· 1

模块二　中文 Windows 操作系统 ·· 2
　　一、填空题 ·· 2
　　二、单项选择题 ·· 3
　　三、多项选择题 ·· 4
　　四、判断题 ·· 6

模块三　中英文录入实验 ·· 7
　　一、填空题 ·· 7
　　二、单项选择题 ·· 7
　　三、多项选择题 ·· 8
　　四、判断题 ·· 9

模块四　因特网的应用 ·· 10
　　一、填空题 ··· 10
　　二、单项选择题 ··· 10
　　三、多项选择题 ··· 11
　　四、判断题 ··· 12

模块五　文字处理软件 Word 2010 实验 ·· 13
　　第一部分　初识 Word 2010 ··· 13
　　　　一、实验目的 ·· 13
　　　　二、实验要点 ·· 13
　　　　三、实验内容和实验步骤 ·· 14
　　　　四、实验任务 ·· 16
　　第二部分　常规文档案例制作 ·· 18
　　　　一、实验目的 ·· 18

  二、实验要点 ······18
  三、实验内容与实验步骤 ······18
  四、实验任务 ······20

第三部分 美化文档案例制作 ······23
  一、实验目的 ······23
  二、实验要点 ······23
  三、实验内容与实验步骤 ······23
  四、实验任务 ······26

第四部分 宣传栏案例制作 ······29
  一、实验目的 ······29
  二、实验要点 ······29
  三、实验内容与实验步骤 ······29
  四、实验任务 ······32

第五部分 求职简历案例制作 ······39
  一、实验目的 ······39
  二、实验要点 ······39
  三、实验内容和实验步骤 ······40
  四、实验任务 ······43

第六部分 批量信函案例制作 ······46
  一、实验目的 ······46
  二、实验要点 ······46
  三、实验内容和实验步骤 ······47
  四、实验任务 ······48

第七部分 工作流程图案例制作 ······50
  一、实验目的 ······50
  二、实验要点 ······50
  三、实验内容与实验步骤 ······50
  四、实验任务 ······53

第八部分 目录案例的制作 ······54
  一、实验目的 ······54
  二、实验要点 ······54
  三、实验内容与实验步骤 ······54
  四、实验任务 ······57

第九部分 制作考试试卷——公式的插入与编辑 ······58
  一、实验目的 ······58
  二、实验要点 ······58
  三、实验内容与实验步骤 ······58
  四、实验任务 ······59

第十部分 成人计算机考试综合练习题——Word 模块 ······60
  一、填空题 ······60

二、单项选择题 ·· 60
　　三、多项选择题 ·· 61
　　四、判断题 ·· 63

模块六　电子表格软件 Excel 2010 实验 ·································· 64

第一部分　Excel 工作表的建立 ··· 64
　　一、实验目的 ·· 64
　　二、实验要点 ·· 64
　　三、实验内容与实验步骤 ·· 65
　　四、实验任务 ·· 66

第二部分　格式化工作表 ·· 67
　　一、实验目的 ·· 67
　　二、实验要点 ·· 67
　　三、实验内容与实验步骤 ·· 68
　　四、实验任务 ·· 68

第三部分　常用函数的应用 ··· 73
　　一、实验目的 ·· 73
　　二、实验要点 ·· 73
　　三、实验内容与实验步骤 ·· 73
　　四、实验任务 ·· 75

第四部分　公式与计数（条件计数）函数的运用 ···························· 78
　　一、实验目的 ·· 78
　　二、实验要点 ·· 78
　　三、实验内容与实验步骤 ·· 78
　　四、实验任务 ·· 79

第五部分　数据的排序与分类汇总 ··· 81
　　一、实验目的 ·· 81
　　二、实验要点 ·· 81
　　三、实验内容与实验步骤 ·· 81
　　四、实验任务 ·· 83

第六部分　数据的筛选 ·· 85
　　一、实验目的 ·· 85
　　二、实验要点 ·· 85
　　三、实验内容与实验步骤 ·· 85
　　四、实验任务 ·· 87

第七部分　图表的应用 ·· 92
　　一、实验目的 ·· 92
　　二、实验要点 ·· 92
　　三、实验内容与实验步骤 ·· 92
　　四、实验任务 ·· 93

  第八部分　成人计算机考试综合练习题——Excel 模块 ········· 98
    一、填空题 ············· 98
    二、单项选择题 ············· 98
    三、多项选择题 ············· 99
    四、判断题 ············· 101

模块七　演示文稿 PowerPoint 2010 实验 ············· 102

  第一部分　创建演示文稿 ············· 102
    一、实验目的 ············· 102
    二、实验要点 ············· 102
    三、实验内容与实验步骤 ············· 102
    四、实验任务 ············· 104
  第二部分　演示文稿的基本操作 ············· 105
    一、实验目的 ············· 105
    二、实验要点 ············· 105
    三、实验内容与实验步骤 ············· 105
    四、实验任务 ············· 107
  第三部分　幻灯片动画设置 ············· 111
    一、实验目的 ············· 111
    二、实验要点 ············· 111
    三、实验内容与实验步骤 ············· 111
    四、实验任务 ············· 112
  第四部分　演示文稿提高应用 ············· 115
    一、实验目的 ············· 115
    二、实验要点 ············· 115
    三、实验内容与实验步骤 ············· 115
    四、实验任务 ············· 118
  第五部分　成人计算机考试综合练习题——PowerPoint 模块 ············· 119
    一、单项选择题 ············· 119
    二、多项选择题 ············· 120
    三、判断题 ············· 121

参考答案 ············· 123

  模块一 ············· 123
  模块二 ············· 123
  模块三 ············· 124
  模块四 ············· 125
  模块五 ············· 126
  模块六 ············· 127
  模块七 ············· 128

模块一　计算机基础知识

一、填空题

（1）_____（英文简称_____）犹如人的大脑，控制、管理微机系统各部件协调一致的工作。

（2）存储器具有_____能力，用于_____。

（3）生活中的计算机从外观来看主要有_____、_____、_____、_____、嵌入式计算机等。

（4）主板相当于人的_____，_____通过它来控制其他部件。

（5）Word 2010 属于_____软件，Windows 7 属于_____软件。

（6）因特网（Internet）将世界各地的计算机连接在一起，人们通过因特网进行沟通、信息共享等，特别是_____（Wifi）的出现，让人们随时随地使用网络。

（7）计算机中的软件系统主要分为_____和_____。

二、单项选择题

（1）下列各项中，不属于输入设备的是（　　）。
　　A. 扫描仪　　　　B. 显示器　　　　C. 键盘　　　　D. 鼠标器

（2）微型计算机硬件系统主要包括：中央处理器、（　　）、输入设备、输出设备。
　　A. 运算器　　　　B. 控制器　　　　C. 存储器　　　　D. 主机

（3）微型计算机的外部存储器不包括（　　）。
　　A. 只读存储器　　B. 硬盘　　　　　C. 光盘　　　　　D. 移动盘

（4）火车订票系统是属于哪类软件？（　　）
　　A. 办公自动化软件　　　　　　　B. 系统软件
　　C. 应用软件　　　　　　　　　　D. 游戏软件

三、判断题

（1）内存储器是计算机的主要存储器，用于存放正在运行的程序、数据。（　　）

（2）计算机的内存储器包括随机存储器、只读存储器和硬盘。（　　）

（3）微型计算机主要应用于尖端科学技术和军事国防系统。（　　）

（4）显示器和扫描仪是输入设备。（　　）

（5）主板是输入输出的接口电路，相当于人的血脉和神经。（　　）

（6）Word 2010 是应用软件，Windows 7 是操作系统软件。（　　）

模块二　中文 Windows 操作系统

一、填空题

（1）　启动 Windows 7 后看到的第一个界面是_____，即_____。

（2）　Windows 7 中文版支持最多可达_____个字符的文件名。

（3）　文件的结构是：<_____>. <_____>。后面的部分标志_____。

（4）　只要用鼠标单击_____上的某个窗口图标，对应的窗口就被激活，变成当前活动窗口。

（5）　在文件夹窗口中按_____快捷键可选择全部文件和文件夹。

（6）　为了方便软件的安装和卸载，Windows 7 专门提供了_____功能，能彻底从平台上删除不需要的软件。

（7）　若要对已创建的文档进行处理，需要先_____该文档。

（8）　Windows 7 任务栏上的内容为所有已打开的_____。

（9）　拖动窗口四边或四角可以_____。

（10）　在 Windows 7 中，_____窗口是应用程序窗口的子窗口。

（11）　_____桌面（或文件夹）的图标，即可打开相应窗口。

（12）　要删除选定的文件或文件夹，可按_____键。

（13）　在 Windows 7 中，可以使用_____来管理计算机的软硬资源。

（14）　Windows 文件是指存储在_____上的信息的集合，每个文件都有一个文件名。

（15）　在 Windows 7 中，使用菜单命令进行文件或文件夹的移动时，需要经过选择、_____和粘贴 3 个步骤。

（16）　在 Windows 7 中，_____用于暂时存放从硬盘上删除的文件或文件夹。

（17）　在 Windows 7 的"计算机"中，若要删除选定的文件，可以选择_____命令。

（18）　在 Windows 7 中，"写字板"应用程序放在_____文件夹中。

（19）　要改变 Windows 7 窗口的排列方式，只要用鼠标右键单击_____的空白处，在快捷菜单中做出相应的选择即可。

（20）　在 Windows 7 中，用_____菜单中的"文档"命令，可以打开最近刚打开的一个文档文件。

（21）　用_____组合键在英文输入法及各种中文输入法之间进行切换，用_____可以在当前中文输入法和英文输入法之间切换。

二、单项选择题

（1） 用鼠标将一个文件从一个文件夹拖到另一个文件夹，通常是用于完成文件的（   ）。

  A. 删除   B. 移动或复制

  C. 修改或保存   D. 更新

（2） 在 Windows 7 中，如果桌面上有一个图标的左下角有一个小箭头，表示它是（   ）图标。

  A. 程序组   B. 程序项

  C. 文件夹   D. 快捷方式

（3） 当选定文件或文件夹后，不将文件或文件夹放到"回收站"中，而直接删除的操作是（   ）。

  A. 按 Shift +Delete 组合键

  B. 用鼠标直接将文件或文件夹拖放到"回收站"中

  C. 按 Del 键

  D. 用"计算机"或"资源管理器"窗口中的"文件"菜单的删除命令

（4） 在 Windows 7 中，对文件和文件夹的管理可以使用（   ）。

  A. 资源管理器或控制面板窗口   B. 资源管理器或"计算机"窗口

  C. "计算机"窗口或控制面板窗口   D. 快捷菜单

（5） 当要选择多个连续的文件或文件夹时，先选择一个文件或文件夹，再按住（   ）键，然后单击最后一个文件或文件夹。

  A. Shift   B. Ctrl

  C. Alt   D. Enter

（6） 当要选择多个不连续的文件或文件夹时，先选择一个文件或文件夹，再按住（   ）键，然后逐一单击所要选择的文件或文件夹。

  A. Shift   B. Ctrl

  C. Alt   D. Enter

（7） 一般来说，在 Windows 中，以下（   ）不是图像类文件的扩展名。

  A. .bmp   B. .gif

  C. .exe   D. .jpg

（8） 下面操作中不能启动"画图"的方法是（   ）。

  A. 双击桌面上的"画图"图标

  B. 从"开始"菜单"程序"项的"附件"中，单击"画图"

  C. 从"资源管理器"中，找到"画图"，并双击它

  D. 从"资源管理器"中，找到"画图"，并右击它

（9） 在 Windows 7 中，文件夹包含（   ）。

  A. 文件夹   B. 文件

  C. 记录   D. 文件和文件夹

（10） 在 Windows 7 中，硬盘上被删除的文件或文件夹将存放在（   ）中。

A. 内存 B. 外存
C. 回收站 D. 剪贴板

（11） 在 Windows 7 中选取某一菜单后，若菜单项后面带有省略号，则表示（   ）。
A. 将弹出对话框 B. 已被删除
C. 当前不能使用 D. 该菜单项正在起作用

（12） 下列操作中，能在各种中文输入法中切换的是（   ）。
A. 按 Ctrl+Shift 组合键 B. 按 Ctrl+空格组合键
C. 按 Alt+Shift 组合键 D. 按 Shift+空格组合键

（13） 在 Windows XP 中，"回收站"是（   ）文件存放的容器。
A. 已删除 B. 关闭
C. 打开 D. 活动

（14） 下列操作中，（   ）可以打开"控制面板"。
A. 从任务栏快捷菜单中选取命令
B. 从"开始"菜单中选取命令
C. 在"计算机"窗口菜单中选取命令
D. 以上都可以

（15） 要更改屏幕分辨率，应在控制面板中选择（   ），从弹出窗口中进行设置。
A. 操作中心 B. 设备管理器
C. 个性化 D. 家长控制

三、多项选择题

（1） Windows XP 中的窗口主要组成部分包括（   ）。
A. 标题栏 B. 菜单栏
C. 状态栏 D. 工具栏
E. "关闭"按钮

（2） 在"我的电脑"窗口中，利用"查看"菜单可以对窗口中的对象以（   ）方式进行浏览。
A. 大图标 B. 刷新
C. 小图标 D. 选项
E. 列表 F. 详细资料

（3） 通过"开始"|"设置"菜单可以访问（   ）文件夹。
A. 我的电脑 B. 控制面板
C. 网络连接 D. 打印机

（4） 在 Windows 7 的桌面中，右击鼠标，在弹出的快捷菜单中选择"排列图标"命令，可按以下（   ）方式排列图标。
A. 按图标类型 B. 按项目类型
C. 按大小 D. 按修改日期

（5） 在桌面的"显示 属性"对话框中选择"外观"选项卡，可以设置（   ）。
A. 窗口和按钮的风格 B. 桌面项目的显示状态

C. 颜色方案 D. 字体大小
E. 颜色质量

(6) 对于"回收站"的说法正确的是（　　）。
A. "回收站"是一个文件夹 B. "回收站"中的文件无法恢复
C. "回收站"满时站内所有文件被删除
D. 如果被清空时站内文件无法恢复

(7) 利用控制面板的"程序和功能"窗口，可以（　　）。
A. 更改程序 B. 卸载程序
C. 添加新程序 D. 修复程序

(8) 文件列表中，选择连续的若干个文件的方法是（　　）。
A. Shift+光标移动 B. Ctrl+光标移动
C. 按住鼠标左键拖动选中某区域 D. 用鼠标左键连续单击文件名

(9) 用"开始"菜单中的"搜索"命令可以查找（　　）。
A. 网络上的用户 B. 文件夹
C. 新硬件设备 D. Internet 资源

(10) 文件的基本属性有（　　）。
A. 只读 B. 隐藏
C. 共享 D. 存档

(11) 关闭应用程序窗口的方法有（　　）。
A. 单击"关闭"按钮
B. 双击窗口的标题栏
C. 单击状态栏中"关闭"按钮
D. 选择"文件"菜单中的"退出"或"关闭"命令

(12) 通过控制面板可以（　　）。
A. 更改系统日期 B. 更改桌面背景
C. 改变窗口位置 D. 定制"开始"菜单

(13) Windows 7 的开始菜单可以（　　）。
A. 添加项目 B. 删除项目
C. 隐藏 D. 显示小图标

(14) 在"计算机"中，可以使文件和文件夹按（　　）排序。
A. 大小 B. 类型
C. 修改时间 D. 属性

(15) 退出 Windows 7 应该（　　）。
A. 从"开始"菜单中选择关机 B. 直接关闭电源
C. 按 Ctrl+Alt+Del 组合键，选择关机 D. 按 Alt+F4 组合键

(16) 获取 Windows 7 帮助的方法有（　　）。
A. 按 F1 键 B. 使用"帮助"菜单
C. 按 Alt 键 D. 使用工具栏中的"帮助"按钮

(17) 应用程序的安装方式有（　　）。

A. 典型安装 B. 完全安装
C. 最小安装 D. 定制安装
E. 从光盘上安装

（18） Windows XP 对文件和文件夹的命名约定中，可以使用（　　）。
A. 长文件名 B. 汉字
C. 大小写英文字母 D. 特殊符号如"\"、"/"

四、判断题

（1） 文件和文件夹不允许重新命名。（　　）

（2） 通配符"*"代表任意一个字符。（　　）

（3） "资源管理器"和"我的电脑"中的功能基本相同。（　　）

（4） Windows 7 中所有的应用程序都可以从"开始"菜单启动。（　　）

（5） 在 Windows 7 中，文件的类型可以用图标来表示。（　　）

（6） 设置屏幕的外观使用"控制面板"中的"显示属性"对话框。（　　）

（7） "鼠标属性"对话框中的"指针选项"选项卡，用于设置鼠标的移动速度和移动状态。（　　）

（8） 工具栏是菜单命令的快速使用方法，包含了所有的菜单命令。（　　）

（9） 只有在"我的文档"窗口中才能打开用户的文件。（　　）

（10） 对于菜单上的菜单项，按下 Alt 键和菜单名右边的英文字母就可以起到和鼠标单击该项目相同的效果。（　　）

（11） 选择"清空回收站"命令，则意味者永久性地删除了文件。（　　）

（12） 在设置显示器背景时可以同时使用墙纸和图案两种效果。（　　）

（13） Windows 7 为每个任务自动建立一个显示窗口，其位置和大小不能改变。（　　）

（14） 在 Windows 7 环境中，当运行一个程序时，就打开该程序自己的窗口；把运行程序的窗口最小化，就是暂时中断该程序的运行，用户可以随时加以恢复。（　　）

（15） Windows 7 环境中，用户可以同时打开多个窗口，此时，只有一个窗口处于激活状态，它的标题栏的颜色与众不同。（　　）

模块三 中英文录入实验

一、填空题

（1） 键盘分为_____、_____、_____、_____、_____五大区。
（2） Shift 键又称_____，可以与双字符键组合获取上半部分字符，如%、#等。
（3） 正确的指法操作是：准备打字时，拇指放在_____键上，其余的八个手指分别放在基本键上，左食指放在_____键上，右食指放在_____键上。
（4） 按 Ctrl+Shift+Esc 组合键可以直接打开_____窗口。
（5） Delete 键又称_____键，可以用来删除当前光标位置_____的字符。
（6） Backspace 键又称_____键，可以用来删除当前光标位置_____的字符。
（7） 在五笔输入法中，_____为高频字码。
（8） 二级简码字的简码和其_____相同，即只用_____字根编码。
（9） "中华人民共和国"的五笔编码是_____。
（10） "天"字可拆分为_____和_____字根，分别在_____和_____键上。

二、单项选择题

（1） CapsLock 键是用来（　　）的。
　　A. 转换字母大小写状态　　　　B. 与字母键组合转换字母大小写状态
　　C. 删除光标前面一个字符　　　D. 删除光标后面一个字符
（2） 大写字母锁定键是（　　）。
　　A. Shift　　　　　　　　　　B. Tab
　　C. CapsLock　　　　　　　　D. Alt
（3） 输入问号？的方法是按（　　）键。
　　A. Alt+?　　　　　　　　　　B. Shift+?
　　C. Ctrl+?　　　　　　　　　D. 直接按?
（4） 切换输入法的快捷键是（　　）。
　　A. Ctrl+Shift　　　　　　　B. Alt+空格键
　　C. Ctrl+空格键　　　　　　 D. Shift+空格键
（5） 在半角和全角之间切换的快捷键是（　　）。
　　A. Ctrl+Shift　　　　　　　B. Alt+空格键
　　C. Ctrl+空格键　　　　　　 D. Shift+空格键
（6） 在使用五笔输入法输入汉字时，不管是单字还是词组，最多只需按（　　）次键盘键。
　　A. 2　　　　B. 3　　　　C. 4　　　　D. 5

(7) 首字根成字的输入方法是（　　）。
　　A. 字母键+空格键　　　　　　　　B. 四击字母键
　　C. 取第1、2、3、末字根　　　　　D. 字根码+识别码

(8) 在拼音输入法中，"女"字的输入方法是（　　）。
　　A. nu　　　　　　　　　　　　　　B. nv
　　C. AB 都对　　　　　　　　　　　 D. AB 都不对

(9) 在五笔输入法中输入成字字根时，不足四个字根的可以加（　　）确定。
　　A. 空格键　　　　　　　　　　　　B. 回车键
　　C. 识别码　　　　　　　　　　　　D. 以上都可以

(10) 在五笔输入法中，"仁"字可分为"亻"和"二"字根，分别在"W"、"F"键上。这符合（　　）原则。
　　A. 书写顺序　　　　　　　　　　　B. 取大优先
　　C. 能散不连　　　　　　　　　　　D. 兼顾直观

三、多项选择题

(1) 打字时左右两只手的基本键位分别是（　　）。
　　A. ASDF　　　B. ABCD　　　C. JKL:　　　D. HJKL

(2) 打字时用来按空格键的手指是（　　）。
　　A. 左手手指　　　　　　　　　　　B. 右手手指
　　C. 左手大拇指　　　　　　　　　　D. 右手大拇指

(3) 输入大写 D 的方法是按（　　）键。
　　A. 同时按下 Shift 和 D 键　　　　 B. 先按 Shift 键，再按 D 键
　　C. 同时按下 CapsLock 和 D 键　　　D. 先按 CapsLock 键，再按 D 键

(4) U 模笔画输入的操作方式是（　　）。
　　A. U+12345　　　　　　　　　　　 B. U+ABCDE
　　C. U+HSPNZ　　　　　　　　　　　 D. 以上都不是

(5) 在打字时左手控制的键位有（　　）。
　　A. ABCD　　　　　　　　　　　　　B. WEFG
　　C. QRTV　　　　　　　　　　　　　D. ZXHS
　　E. 空格键

(6) 在打字时右手控制的键位有（　　）。
　　A. HIJK　　　　　　　　　　　　　B. LMNO
　　C. PUY　　　　　　　　　　　　　 D. ,./;
　　E. 空格键

(7) 使用搜狗输入法在键盘上按 V2013 可以输入（　　）。
　　A. 二千零一十三　　　　　　　　　B. 贰仟零壹拾叁
　　C. 二〇一三　　　　　　　　　　　D. 贰零壹叁
　　E. 2,013

(8) 在五笔输入法中，"工"字的输入方法是（　　）。

A. AGHG　　　　　　　　　　B. A 空格
C. AAAA　　　　　　　　　　D. AAA 空格

（9）在五笔输入法中，识别码是用来判断（　　）的。
　　A. 首字根
　　B. 末字根
　　C. 最后一笔的笔画所在的字根区
　　D. 字的结构
（10）五笔输入法的拆字原则有（　　）。
　　A. 书写顺序　　　　　　　B. 取大优先
　　C. 兼顾直观　　　　　　　D. 能连不交
　　E. 能散不连

四、判断题

（1）键盘上的"A、S、D、F、J、K、L、,"8个键称为基本键。（　　）
（2）Ctrl 是控制键，用来与其他键组合使用，以实现某种功能。（　　）
（3）使用搜狗输入法按"rq（日期的首字母）"键可以输入当前日期。（　　）
（4）使用搜狗输入法按"xq（星期的首字母）"键可以输入系统星期。（　　）
（5）在五笔输入法中，二字词组的输入方法是各取每个字的第1个字根，然后按空格键。（　　）
（6）三级简码字字数虽多，但输入三级简码字时只需击三键。
（7）四字词组的输入方法是取每个字的首字根。（　　）
（8）在用五笔输入法输入一般文字时，超过四个字根组成字的，一般取 1、2、3、末字根；不足四个字根的加空格键确定。（　　）
（9）根据"兼顾直观"原则，"困"字可分为"囗"和"木"字根，分别在"L"、"S"键上。（　　）
（10）一级简码字只用敲击一个字母码就可以将其输入到屏幕上。（　　）

模块四　因特网的应用

一、填空题

（1）计算机网络是将计算机通过通信线路相互连接起来，在相应的通信协议和网络系统软件的支持下，相互通信和交换信息，其主要特点是_____。

（2）_____是一个覆盖全世界的最大的计算机网络系统，称为_____，中文翻译为"因特网"。

（3）_____是提供 Internet 接入服务和信息服务的服务商。

（4）3W 是英文_____的缩写，中文名称为_____。

（5）_____是通信的语言，_____是 Internet 的基础和核心。

（6）_____是指网页所在的主机名称及存放的路径。

（7）电子邮件地址由_____和_____组成，之间用_____隔开。

（8）文件下载是指将文件从_____通过网络复制到_____。

（9）文件上传是指将文件从_____通过网络复制到_____。

二、单项选择题

（1）上网用户需要在本地计算机上安装相应的（　　）和购买相应的网络设备才可以轻松地接入 Internet。

　　A. 网卡　　　　　　　　B. 网线
　　C. 调制解调器　　　　　D. 网络协议

（2）每个 Internet 上的计算机都有自己的（　　）。

　　A. 通信协议　　　　　　B. IP 地址
　　C. 域名　　　　　　　　D. 网址

（3）一般的小型局域网计算机数量在（　　）台以下。

　　A. 10　　　　　　　　　B. 20
　　C. 100　　　　　　　　 D. 200

（4）（　　）是计算机网络最基本的功能。

　　A. 数据通信
　　B. 资源共享
　　C. 提高计算机系统的可靠性和可用性
　　D. 实现分布式的信息处理

（5）俗称"一线通"的 Internet 接入方式是（　　）。

　　A. 拨号　　　　　　　　B. ISDN
　　C. 专线　　　　　　　　D. 宽带

（6）用（ ）接入方式上网的优点是速度快，打电话和上网两不误。
   A. 拨号   B. ISDN
   C. 专线   D. ADSL 宽带
（7）如果要将一封电子邮件发送给多人，应用（ ）符号分隔收件人的地址。
   A. 英文逗号（,）   B. 半角分号（;）
   C. 英文句号（.）   D. 半角单引号（'）
（8）（ ）申请 QQ 号的方法既不收费又能保证一定能申请上。
   A. 网页申请   B. 手机申请
   C. 手机快速申请通道 D. 申请靓号
（9）要与某人用 QQ 进行联系，必须先（ ）。
   A. 通知他上线   B. 跟他成为好朋友
   C. 将他添加为 QQ 好友 D. 在 QQ 交友中心登记
（10）若想在以后快速打开某个网页，可将其（ ）。
   A. 保存到电脑中   B. 添加到收藏夹
   C. 保存为图片   D. 记住该网页的地址

三、多项选择题

（1）一般来说，计算机网络按照其覆盖范围大小分为（ ）等几种类型。
   A. 局域网   B. 办公网
   C. 广域网   D. Internet
（2）计算机网络一般由（ ）组成。
   A. 网络硬件   B. 网络软件
   C. 网络操作系统   D. 电脑
（3）在不同的网络中，工作站又称为（ ）。
   A. 客户机   B. 客户端
   C. 服务器   D. 节点
（4）常见局域网的拓扑结构有（ ）等。
   A. 星型   B. 环型
   C. 放射形   D. 总线型
（5）计算机网络主要功能有（ ）。
   A. 数据通信
   B. 资源共享
   C. 提高计算机系统的可靠性和可用性
   D. 实现分布式的信息处理
（6）上网设备包括（ ）。
   A. 计算机   B. 网线
   C. Modem   D. 支持协议的通信软件
   E. Internet 应用软件。
（7）计算机网络可以实现的网络通信技术主要包括（ ）。

　　　　　A. 电子邮件　　　　　　B. 传真
　　　　　C. IP 电话　　　　　　 D. 召开会议
　　　　　E. 聊天　　　　　　　　F. 做买卖
　（8）要转到百度网站，可在地址栏上输入（　　），然后按 Enter 键。
　　　　　A. http://www.baidu.com　　B. www.baidu.com
　　　　　C. baidu　　　　　　　　D. 百度
　（9）一个完整的网址中，通常包含（　　）。
　　　　　A. 访问协议　　　　　　B. 主机.域
　　　　　C. 端口号　　　　　　　D. IP 地址

四、判断题

（1）计算机网络是通过外围设备和连线，将分布在不同地域的多台计算机连接在一起形成的集合。（　　）

（2）广域网是指通过网络互连设备把不同的多个网络或网络群体连接起来形成的大网络，也称为网际网。（　　）

（3）计算机网络硬件主要包括服务器、工作站及外围设备等。（　　）

（4）除"共享文档"文件夹外，其他文件夹都不可以被网络中的其他用户访问。（　　）

（5）通过网上邻居访问和使用其他计算机中的共享资源就像访问自己计算机中的资源一样方便自如。（　　）

（6）网络中的每台计算机都必须单独配置打印机。（　　）

（7）Internet 的建立本来只是为了通信方便的，后来成为继报纸、杂志、广播、电视这 4 大媒体之后新兴起的一种信息载体。（　　）

（8）cn 是一种常见的组织域名，表示国家。（　　）

（9）每台计算机的 IP 地址都是唯一的。（　　）

模块五　文字处理软件 Word 2010 实验

第一部分　初识 Word 2010

一、实验目的

（1）　掌握 Word 2010 的启动和退出。
（2）　了解 Word 2010 窗口的基本组成。
（3）　掌握 Word 2010 文档的建立、打开、关闭、保存等常用编辑命令的使用。
（4）　掌握简单的文本录入方法。

二、实验要点

◆　启动 Word 2010 的 3 种方法。
（1）　使用"程序"菜单启动。单击"开始"按钮，在打开的"开始"菜单中选择"所有程序"｜Microsoft Office｜Microsoft Word 2010 命令。
（2）　使用桌面快捷方式启动。在桌面双击 Word 2010 快捷图标。
（3）　双击已有的 Word 文档。
◆　Word 2010 的工作界面，如图 5-1 所示。

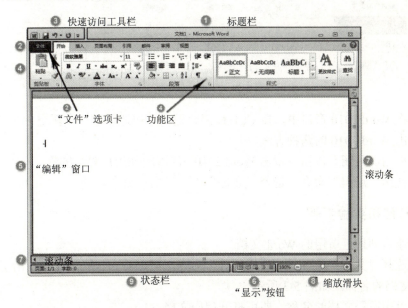

图 5-1　Word 2010 的工作界面

❶ 标题栏：显示正在编辑的文档的文件名以及所使用的软件名。
❷ "文件"选项卡：基本命令（如"新建"、"打开"、"关闭"、"另存为..."和"打印"位于此处。
❸ 快速访问工具栏：常用命令位于此处，例如"保存"和"撤销"。也可以添加个人常用命令。
❹ 功能区：工作时需要用到的命令位于此处。它与其他软件中的"菜单"或"工具栏"相同。
❺ "编辑"窗口：显示正在编辑的文档。
❻ "显示"按钮：可用于更改正在编辑的文档的显示模式以符合您的要求。
❼ 滚动条：可用于更改正在编辑的文档的显示位置。
❽ 缩放滑块：可用于更改正在编辑的文档的显示比例设置。
❾ 状态栏：显示正在编辑的文档的相关信息。

◆ 新建一个空白文档，有 3 种方法。

（1） 启动 Word 2010 后，系统会自动创建一个空白文档,默认的文档名为："文档 1"，扩展名为".docx"。

（2） 在 Word 2010 窗口中，可以通过选择"文件"｜"新建"命令，新建一个空白文档，如图 5-2 所示。

图 5-2　新建空白文档

（3） 在 Word 2010 窗口中，按 Ctrl+N 组合键，可快速创建一个新空白文档。

◆ 退出 Word 2010 的两种方法。

（1） 使用"关闭"按钮。单击 Word 2010 窗口右上角的 ❌ 按钮。

（2） 使用"退出"命令。选择"文件"｜"退出"命令。

三、实验内容和实验步骤

◆ 快速启动最近所用的 Word 文档。

（1） 选择"文件"｜"最近所用文件"命令，可以看到级联菜单中列出了最近打开过的 Word 文档的名称，如图 5-3 所示。

（2） 单击所需文档的名称，即可打开相应文档。

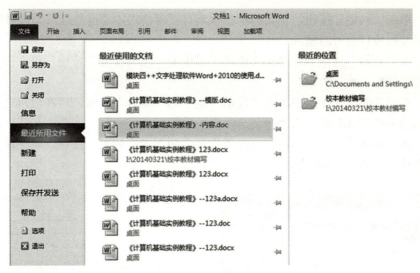

图 5-3 快速启动最近所用的 Word 文档

◆ 输入普通文本。
（1） 选择输入法，单击录入文本内容的位置，输入字符。
（2） 一个段落结束，需要开始一个新的段落，按回车键。
（3） 若要重复操作（如重复录入某字），可按"F4"键。
（4） 中文标点符号必须在中文标点符号状态下输入；英文标点符号必须在英文标点符号状态下输入，可通过中英文标点符号切换按钮来实现切换，如图 5-4 所示。

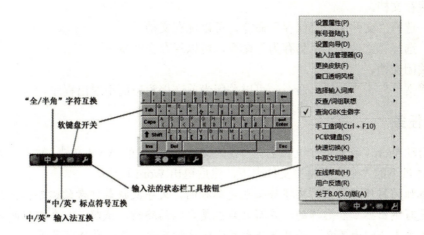

图 5-4 输入法的状态切换

（5） 在录入过程中如果出现错误，可通过撤销按钮 ᴝ -撤销输入，或按退格键删除当前光标所在位置之前的字符，按 Delete 键删除当前光标所在位置之后的字符。

◆ 插入日期和时间。
（1） 在"插入"选项卡中单击"文本"组的"日期和时间"按钮，打开"日期与时间"对话框，从列表框中选择要使用的日期和时间的格式，如图 5-5 所示。

（2） 单击"确定"按钮，在文档中插入具有相应格式的当前系统日期或时间。
- 编号和项目符号的输入。

（1） 在"开始"选项卡中单击"段落"组中的"项目符号"按钮，可在段落之前添加项目符号，如■、●、➤等。

（2） 在"开始"选项卡中单击"段落"组中的"编号"按钮，可在段落之前添加编号，如"1.2.3.…"、"A.B.C.…"、"一、二、三…"等。

（3） 在"开始"选项卡中单击"段落"组中的"多级列表"按钮，可在段落之前添加多级列表符号，如图5-6所示。

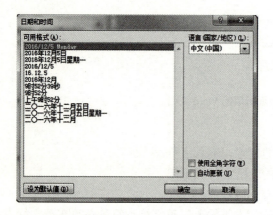

图5-5 "日期和时间"对话框

图5-6 多级列表

- 保存文档。

（1） 选择"文件"｜"保存"命令，可以保存文档。

（2） 选择"文件"｜"另存为"命令，可以保存文档备份。

- 关闭文档。

选择"文件"｜"关闭"命令，可以关闭当前文档窗口而不退出程序。

四、实验任务

- 启动 Word，新建一个文件名为"我的文档1.docx"的 Word 文档，输入下列文字，并保存在 D 盘下的"个人资料"文件夹下，然后退出 Word 程序。

一个孤独的写作者写出的文字势必也是孤独的，文字反映着作者的心态。被爱浓浓包围着的人是写不出孤独和恐怖的，要写也只能是幸福的终结。试想，一个幸福的人却要将自己手下的主人公归于不幸，并且要让大家体味这种不幸，不是太残忍了吗？

- 打开所创建的 D 盘下"个人资料"文件夹中的 Word 文档"我的文档1"，然后增加下列文字，将修改后的文件名改为"我的资料1"，另存在 C:下。

残忍的写作会让人变得更残忍，但快乐的写作会让人变得更快乐。对我来说，快乐才是灵感的源泉，是让写作不断继续的唯一理由。因为快乐，因为心中有爱，所以才会为所爱的人和爱我的人写出快乐的文字，让快乐和爱得以交流。

实　验　报　告

课程：　　　　　　　　　　　　　　　　　　　　实验题目：Word 2010 的基本操作

姓名		班级		组（机）号		时间	

实验目的：1. 掌握 Word 210 的启动和退出。 2. 了解 Word 2010 的界面组成。 3. 掌握 Word 2010 文档的建立、打开、关闭、保存等常用的编辑命令的使用。 4. 掌握简单的文本录入方法。
实验要求：1. 启动 Word 2010，新建一个文件名为"我的文件 1.docx"的 Word 文档。 2. 输入下列文字，并保存在 D 盘下的"个人资料"文件夹下。 　　人生路漫漫。在走过这漫漫征途的过程中，我们总是会在不经意间受伤。受伤之后，有人选择了放纵，有人选择了沉沦。选择放纵的人其实是在挣扎，因为不想永远背负着伤的枷锁；沉沦的人却是希望永远留住往事，不想去看未来。其实，放纵也好，沉沦也罢，伤口总会慢慢地痊愈，伤痕也会渐渐变得美丽，就像一道浅浅的纹身。 3. 退出 Word 2010 程序。
实验内容与步骤：
实验分析：

实验指导教师		成　绩	

第二部分 常规文档案例制作

一、实验目的

（1） 掌握 Word 文档的字符格式设置方法。
（2） 掌握 Word 文档的段落格式设置方法。
（3） 掌握 Word 文档的页面格式设置方法。

二、实验要点

◆ Word 文档的页面设置。

使用"页面布局"选项卡上"页面设置"组中的工具进行设置。一般在编辑文档前要先进行页面设置。

◆ 字体格式设置。可使用以下 3 种工具进行设置。
（1） 使用"开始"选项卡"字体"组中的工具。
（2） 鼠标右击，在弹出的快捷菜单中选择"字体"命令。
（3） 使用浮动的格式工具栏中的工具。浮动工具栏在选定文本并将鼠标停留在选定文本上时自动显示。

◆ 段落格式设置。可使用以下两种工具进行设置。
（1） 使用"开始"选项卡"段落"组中的工具。
（2） 鼠标右击，在弹出的快捷菜单中选择"段落"命令。

三、实验内容与实验步骤

◆ 新建一个文档，在其中输入以下文本。

2012-2013 学年下学期开学工作安排
一、3 月 9 日（星期六），教务处（科）、各教研组打扫卫生，做好开学准备工作。
二、3 月 10 日（星期日），学生报到注册、交费。
三、3 月 11 日（星期一）上午，各班学生打扫卫生，购买学习用具（如笔记本、作业本等），班主任组织本班学生到图书馆领取教材。任课教师到图书馆领取教学用书。
教材发放总负责：谢宇宁 13456885999
四、3 月 11 日（星期一）下午，各班正常上课，晚自习后班主任下班。
五、3 月 12 日（星期二）起，各班正常上课、晚自习教职工按安排表下班。
六、3 月 13 日（星期三）早上 7：20 全体学生集中到学校球场开会（不用带椅子）。
教务处、学生处
2012 年 3 月 9 日

（1） 单击"开始"按钮，从开始菜单中选择"所有程序"｜Microsoft Office｜Microsoft Word 2010 命令，启动 Word 2010 窗口。
（2） 在插入点处输入示例文本中的文字，按回车键换段。

◆ 页面设置。

（1） 单击"页面布局"选项卡"页面设置"组中的"页边距"按钮，从弹出菜单中选择"自定义边距"，弹出"页面设置"对话框，选择"页边距"选项卡，将页边距设置为：上 2.5cm、下 2.5cm、左 2.5cm、右 2.5cm、装订线 0cm，装订线位置为左，纸张方向为纵向，如图 5-7 所示。设置完成单击"确定"按钮。

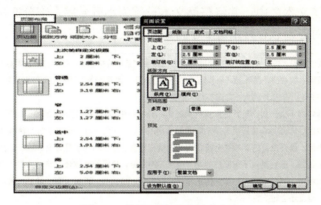

图 5-7　设置页边距和纸张方向

（2） 单击"页面布局"选项卡"页面设置"组中的"纸张大小"按钮，从弹出菜单中选择"A4"。

◆ 字体与段落设置。

（1） 选中标题文本，使用"开始"选项卡"字体"组中的工具设置文本字体为黑体、加粗，字号为二号，并单击"段落"组中的"居中"按钮使文本居中。

（2） 在"页面布局"选项卡"段落"组的"段前"和"段后"微调框中，设置段前段后间距为 1 行。

（3） 选中正文文本，将其设置为：宋体、四号；选中文本"教材发放总负责：谢宇宁 13456885999"，将其设置为：隶书、四号、加粗。

（4） 选中正文文本，单击"开始"或"页面布局"选项卡中"段落"组右下角的设置按钮 ，弹出"段落"对话框，设置对齐方式为左对齐、首行缩进 2 字符、行距为 2 倍行距，如图 5-8 所示。设置完成后单击"确定"按钮。

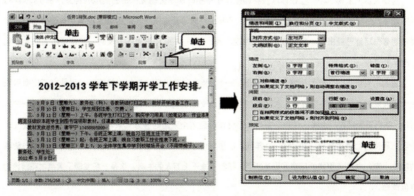

图 5-8　设置正文的段落格式

（5） 选中最后两行文本，单击“开始”选项卡“段落”组中的“右对齐”按钮。

（6） 选中“教务处　学生处”文本，设置段前间距 3 行。

四、实验任务

◆ 新建一个名为“W5-1”的 Word 文档，将“素材\文字素材\W5-1A.docx”文档中的所有文字复制到该文本之中，并将整篇文本设置为小五号字，部分文本设置为楷体，段落对齐方式为两端对齐，且首行缩进 2 字符，最终效果如图 5-9 所示。

从前只有在过年时才吃炒年糕，现在年糕制作方法进步，且用真空包装，使年糕不易腐烂发霉，可以终年食用。年糕是糯米制成的，黏性强，所以切片时不要切太厚，太厚不易入味；但太薄则太软，没有咬劲，所以年糕要炒得好吃，年糕片的大小厚薄有很大的影响。↵

和国内的炒年糕不大一样，韩式炒年糕所用的年糕是一种中指粗细长短的年糕棒而非国内的年糕片，再就是这种所谓的炒年糕并非真正用炒菜的方式爆炒出来的，而是用一种介于辣椒酱和辣椒油之间辣椒胶质慢慢炖煮出来的，最终白白的年糕完全浸在稠稠的辣椒糊里，红白相间煞是好看。炒年糕里一般还要放一种味道类似于鱼肠、形状类似于豆腐皮的叫“哦淀”的东西。韩国的辣椒酱口味都偏甜，所以这种炒年糕的口味是甜辣相间，但又非南方的那种甜水年糕，它不是一味的甜，再加上有了辣的加入，所以吃起来不仅不会腻味，相反还会越吃越想吃。↵

材料：韩式年糕条 500 克，高丽菜 50 克，红辣 50 克，蒜头 2 瓣，红辣椒、葱各 1 根，韩式辣椒酱，细糖，酱油，水适量。↵

烹饪：↵

1. 将韩式年糕条切成三等份，成为短圆柱形。↵

2. 预热油锅，加入蒜末、切丝红椒、切段的葱头及切片的高丽菜拌炒。↵

3. 加入酱油、韩式辣椒酱、糖、少量水，调味后，放入年糕拌炒，然后转入小火炖，让年糕吸收汤汁。↵

图 5-9　“W5-1”示例文档

◆ 新建一个名为“W5-2”的 Word 文档，将“素材 \ 文字素材\W5-2A.docx”文档中的所有文字复制到文档“W5-2”中，并将标题文字设置为楷体、四号字、加粗、带双下画线、居中，正文文字设置为宋体、小五号字，最终效果如图 5-10 所示。

1866 年遗传法则↵

格里戈尔·孟德尔，一位在修道院花园里用了十年时间杂交豌豆作物的奥地利神父，于 1866 年对外界宣称，孟德尔发现了遗传学的基本法则。两年后，做了修道院院长的孟德尔放弃了自己的研究。孟德尔的著作尽管已经出版，却被大多数人忽视。当这本书 1900 年被重新发现时，它使美国人产生了农业改革的兴趣。↵

孟德尔的观点——认为由植物母本传给下一代的特征，可以精确地加以推断——引导出了使商用农业大大改观的“杂交优势”理论。通过杂交两种近体交配的种子，农民可以获得优于母本中任何一方的后代，结出更为结实、饱满的庄稼。玉米由于现在已经完全采用这种方式来种植，所以被称作是现代遗传学上最伟大的成功范例。20 世纪 60 年代，农学家诺尔曼·鲍劳格正是通过引入一种个体小、产量高的矮生小麦，在饥荒困扰的印度和巴基斯坦，拯救了成千上万人的生命。这是一场发源于孟德尔花园内的绿色革命。↵

图 5-10　“W5-2”示例文档

实 验 报 告

课程：　　　　　　　　　　　　　　　　　　　　　实验题目：<u>常规文档案例制作</u>

姓名		班级		组（机）号		时间	
实验目的：1. 掌握 Word 文档的字符格式设置方法。 　　　　　2. 掌握 Word 文档的段落格式设置方法。 　　　　　3. 掌握 Word 文档的页面格式设置方法。							
实验要求：1. 在 Word 文档中新建文件"W5-3"，将"素材\文字素材\W5-3A"文档中的内容复制到"W5-3"中。 　　　　　2. 文本与段落设置：简介部分为幼圆体、小五号字；作者与题目为隶书、三号字、倾斜、红色；词为黑体、五号字。 　　　　　3. 页面设置：宽度为 18 cm，高度为 25 cm；页边距：上下为 2 cm，左右为 3 cm。最后形成如图 5-11 所示的样文格式，将文件保存。							
实验内容与步骤：							
实验分析：							
实验指导教师				成　绩			

柳永

作者简介：柳永[987-1057？]，原名三变，崇安（福建）人。景祐元年（1034）进士，受睦州团练使挂官，仕至屯田员外郎。有词集《乐章集》传世。

雨霖铃

寒蝉凄切，对长亭晚，骤雨初歇。
都门帐饮无绪，留恋处、兰舟催发。
执手相看泪眼，竟无语凝噎。
念去去、千里烟波，暮霭沉沉楚天阔。
多情自古伤离别，更那堪、冷落清秋节！
今宵酒醒何处？杨柳岸、晓风残月。
此去经年，应是良辰好景虚设。
便纵有千种风情，更与何人说？

图 5-11 实验 1 样文

第三部分　美化文档案例制作

一、实验目的

（1）掌握分栏排版和首字下沉排版格式的设置方法。
（2）掌握艺术字和文本框的使用。
（3）掌握项目符号和编号的使用。
（4）掌握插入图片的操作方法。

二、实验要点

◆ 分栏设置。
单击"页面布局"选项卡"页面设置"组中的"分栏"按钮，从弹出菜单中选择分栏样式。
◆ 首字下沉。
单击"插入"选项卡"文本"组中的"首字下沉"按钮，从弹出菜单中选择首字样式。
◆ 文本框的使用。
单击"插入"选项卡"文本"组中的"文本框"按钮，可选择预定义格式的文本框，也可以绘制简单文本框或竖排文本框。
◆ 艺术字设置
单击"插入"选项卡"文本"组中的"艺术字"按钮，从弹出菜单中选择艺术字样式。
◆ 插入图片。
单击"插入"选项卡"插图"组中的"图片"按钮，弹出"插入图片"对话框，选择图片文件，单击"插入"按钮。
◆ 插入项目符号和编号。
（1）插入项目符号：单击"开始"选项卡"段落"组中"编号"按钮右面的小三角形，从弹出菜单中选择项目符号样式。
（2）插入编号：单击"开始"选项卡"段落"组中"编号"按钮右面的小三角形，从弹出菜单中选择编号样式。

三、实验内容与实验步骤

◆ 新建文档，保存为"板报.doc"，设置页边距为普通，并在文档中添加以下内容：
✓ 插入"素材\图片素材\版头.jpg"图片：亮度+40%，衬于文字下方。
✓ 插入艺术字"中职生"：渐变颜色-橙色，强调文字颜色6，内部阴影；字体华文行楷，72磅。
✓ 插入形状：圆角矩形，无线条，填充颜色橄榄色，强调文字颜色3，并添加文字"素材\文字素材\5-4A.docx"："2015年1月15日"：宋体，小四；"13"：宋体，小一，红色；"星期三"：宋体，小三；"创刊号"：华文彩云，五号，红色。

- ✓ 在如图位置输入文字:"出版单位: 责任编辑: "方正姚体,五号。
- ✓ 插入如图横线:线条颜色"蓝色",线形方点,3 磅。
- ✓ 插入艺术字:"主要内容"渐变颜色-紫色,强调文字颜色 3,华文行楷,小一。
- ✓ 插入横排文本框:浅绿色,实线,6 磅;添加文字:"校园新闻 学校简介 情感客车 科苑精英 DIY 时间 快讯",字体楷体,字号四号,行距固定值 22 磅;加上项目符号。
- ✓ 插入横排文本框,填充浅黄色,无边框,添加标题"学校简介":宋体,三号,居中,文本效果:填充-无 轮廓-强调文字颜色 2,填充素材一文字:宋体,五号,单倍行距。
- ✓ 插入横排文本框,填充渐变颜色:雨后初晴,无边框;输入"校园新闻":楷体,小一,居中,文本效果:填充-茶色 轮廓-2 背景 2;添加素材二文字,标题:宋体,小四,加粗;正文:宋体,五号,单倍行距。最终效果如图 5-12 所示。

(1) 按 Ctrl+N 组合键,新建一个空白文档。单击快速访问工具栏上的"保存"按钮,将文档保存为"板报.docx"。

(2) 单击"插入"工具栏"插图"组中的"图片"按钮,从弹出菜单中选择"素材\图片素材\版头.jpg"图片文件,单击"插入"按钮插入图片,并单击"格式"选项卡"调整"组中的"亮度"按钮,从弹出菜单中选择"+40%"。右击图片,从弹出的对话框中选择"版式"选项卡,选择"衬于文字下方",如图 5-13 所示。

图 5-12 "板报.docx"样文

图 5-13 设置图片的环绕方式

(3) 单击"插入"选项卡"文本"组中的"艺术字"按钮,从弹出菜单中选择"渐变颜色-橙色,强调文字颜色6,内部阴影"样式,然后在艺术字框内输入"中职生",将其设置为华文行楷字体,72磅。

(4) 单击"插入"选项卡"插图"组中的"形状"按钮,从弹出菜单中选择圆角矩形,在相应位置插入一个圆角矩形,单击"格式"选项卡"形状样式"组中"形状轮廓"按钮,从弹出菜单中选择"无线条"命令,单击"形状样式"组中的"形状填充"按钮,从弹出菜单中选择"颜色橄榄色,强调文字颜色3"。

(5) 右击圆角矩形,从弹出菜单中选择"添加文字"命令,在图形中并添加以下文字:"2015年1月15日",设置为宋体、小四;"13",设置为宋体、小一、红色;"星期三",设置为宋体、小三;"创刊号",设置为华文彩云、五号、红色。

(6) 将输入点移至图片下方,输入文字"出版单位: 责任编辑: ",设置字体为方正姚体,字号五号。

(7) 单击"插入"选项卡"插图"组中的"形状"按钮,从弹出菜单中选择"直线",在指定位置绘制一条直线,并右击直线,从弹出的对话框中设置线条颜色为蓝色,线型为方点,粗细为3磅,如图5-14所示。

(8) 单击"插入"选项卡"文本"组中的"艺术字"按钮,从弹出菜单中选择"渐变颜色-紫色,强调文字颜色3"样式,在艺术字框中输入"主要内容",设置为华文行楷、小一号字。

(9) 单击"插入"选项卡"文本"组中的"文本框"按钮,从弹出菜单中选择"绘制文本框"命令,在相应位置插入一个横排文本框,单击"格式"工具栏"文本框样式"组中的"形状轮廓"按钮,从弹出菜单中单击浅绿色颜色块,并在"粗细"级联菜单中选择"6磅";在文本框输入以下文字:"校园新闻   学校简介   情感客车   科苑精英   DIY时间   快讯",将文字格式设置为楷体、四号、行距为固定值22磅。

(10) 选择文本框中的文字,单击"开始"选项卡"段落"组中的"项目符号"按钮,从弹出菜单中选择菱形项目符号,如图5-15所示。

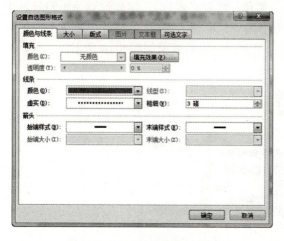 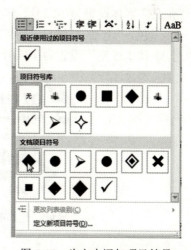

图5-14 设置形状颜色和线条　　　　图5-15 为文本添加项目符号

(11) 在以上的文本框下方再插入一个文本框,将其设置为浅黄色、无边框,添加标题文本"学校简介",设置为宋体、三号、居中,文本效果"填充-无 轮廓-强调文字颜色2",

将"素材\文字素材\W5-4A"文档中的素材一文字复制到文本框中，设置为宋体、五号、行距"单倍行距"。

（12）在页面右部绘制一个文本框，设置填充渐变颜色"雨后初晴"，无边框；输入"校园新闻"，设置为楷体、小一、文本效果"填充-茶色 轮廓-2 背景颜色 2"；将"素材\文字素材\W5-4A"文档中的素材二文字复制到文本框中，并将标题文本设置为宋体、小四、加粗，文本内容设置为宋体、五号、单倍行距。

四、实验任务

◆ 新建一个名为"炒年糕.docx"的 Word 文档，使用 Word 的自动编号功能录入下列文字，然后将页面上的文档分为两栏。

烹饪：
1. 将韩式年糕条切成三等份，成为短圆柱形。
2. 预热油锅，加入蒜末、切丝红椒、切段的葱头及切片的高丽菜拌炒。
3. 加入酱油、韩式辣椒酱、糖、少量水，调味后，放入年糕拌炒，然后转入小火炖，让年糕吸收汤汁。

◆ 新建一个文档，保存为"名片.docx"，设置上下左右页边距均为 0cm，装订线 0cm，装订线位置为左，纸张方向为横向，纸张大小为宽 9cm、高 5.2cm，然后进行以下操作：
（1）插入"素材\图片素材\名片背景.jpg"图片文件，并设置图片高度为 5.2cm，宽度为 9cm，环绕方式设置为浮于文字上方。
（2）插入"素材\图片素材\logo.jpg"文件，把该 logo 图片放置在页面的左上角。
（3）插入一个横排文本框，形状填充设置为无填充颜色，形状轮廓设置为无轮廓，输入"张三（业务经理）　电话：15001105899　地址：北京市三环中路 60 号 11 楼 105 室"，其中"张三"字体设置为小二号、华文行楷、黑色，"（业务经理）"字体设置为小四号、华文行楷、黑色，"电话 15001105899"设置为小四号、黑体、黑色，"地址：北京市三环中路 60 号 11 楼 105 室"设置为小四号、黑体、黑色。完成后效果如图 5-16 所示。

图 5-16　名片样文

实 验 报 告（实验1）

课程：　　　　　　　　　　　　　　　　　　　　实验题目：**美化文档案例制作**

姓名		班级		组（机）号		时间	
实验目的：	1. 掌握分栏排版和首字下沉排版格式的设置。 2. 掌握艺术字和文本框的使用。 3. 掌握项目符号和编号的使用。 4. 掌握插入图片的操作方法。						
实验要求：	1. 启动 Word 2010，新建一个文件名为"W5-5.docx"的 Word 文档，并把"素材\文字素材\5-5A.doc"文字内容粘贴到该文档中。 2. 按如下要求对素材进行排版。 （1）设置第一段首字下沉。 （2）将第一段（除首字）字体设置为"宋体"，字号设置为"四号"。 （3）将第二段字体设置为"黑体"，字号设置为"三号"，加双横线下划线。 （4）纸张大小设为：16开，上下边距设为：2cm，左右边距设为：3cm。 （5）将正文部分行距设为：1.5倍行距，再将正文部分分为：两栏。 （6）页眉设置：XXX学校，并居中显示。 （7）在页面底端中间插入页码，格式为"第 X 页/共 X 页"，并保存到 D:盘"我的资料"文件夹中。 3. 最后形成如图 5-17 所示的样文格式，并保存到 D:盘"我的资料"文件夹中。						
实验内容与步骤：							
实验分析：							
实验指导教师				成　绩			

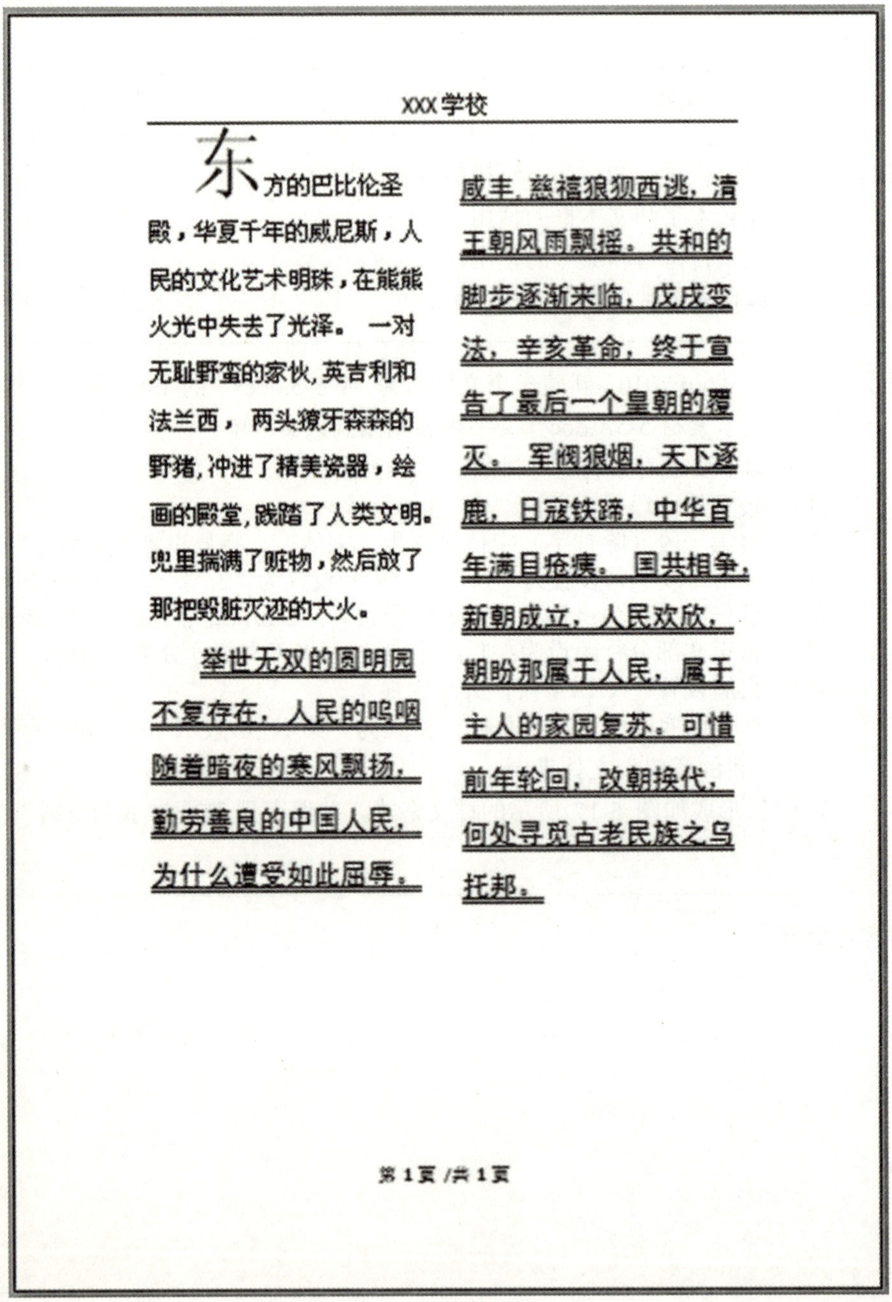

XXX学校

东方的巴比伦圣殿，华夏千年的威尼斯，人民的文化艺术明珠，在熊熊火光中失去了光泽。 一对无耻野蛮的家伙，英吉利和法兰西，两头獠牙森森的野猪，冲进了精美瓷器，绘画的殿堂，践踏了人类文明。兜里揣满了赃物，然后放了那把毁脏灭迹的大火。

举世无双的圆明园不复存在，人民的呜咽随着暗夜的寒风飘扬，勤劳善良的中国人民，为什么遭受如此屈辱。

咸丰，慈禧狼狈西逃，清王朝风雨飘摇。共和的脚步逐渐来临，戊戌变法，辛亥革命，终于宣告了最后一个皇朝的覆灭。 军阀狼烟，天下逐鹿，日寇铁蹄，中华百年满目疮痍。 国共相争，新朝成立，人民欢欣，期盼那属于人民，属于主人的家园复苏。可惜前年轮回，改朝换代，何处寻觅古老民族之乌托邦。

第 1 页 /共 1 页

图 5-17　实验 2 样文

第四部分　宣传栏案例制作

一、实验目的

（1）掌握页面边框和底纹的设置方法。
（2）掌握分隔符的使用。
（3）掌握绘制形状和插入剪贴画的操作方法。

二、实验要点

◆　页面背景的使用。

使用"页面布局"选项卡"页面背景"组中的"页面颜色"工具，可以设置文档页面的背景颜色或填充效果，使用"页面布局"选项卡"页面背景"组中的"水印"工具则可在文档背景中添加水印。

◆　页面边框的使用。

使用"页面布局"选项卡"页面背景"组中的"页面边框"工具可设置段落边框和底纹、文字边框和底纹。

◆　绘制形状。

使用"插入"选项卡"插图"组中的"形状"工具可以在文档中添加各种形状。

◆　插入剪贴画

使用"插入"选项卡"插图"组中的"剪贴画"工具可以在文档中插入 Word 自带的图片。

◆　使用分隔符。

使用"页面布局"选项卡"页面设置"组中的"分隔符"工具可以在文档中添加分页符、分节符、分栏符，从而在指定点处把文档分成几个部分。

三、实验内容与实验步骤

◆　打开 Word 文档"素材\文字背景\W5-6A"，另存为"W5-6.docx"，将"W5-6.docx"文档设置为：上、下、左、右页边距为 1.5 毫米，装订线为 0 毫米，装订线位置为左，纸张方向横向，B5 纸，然后进行以下操作：

✓　添加图片背景"素材\图片素材\背景 1.jpg"。
✓　在指定位置添加分栏符，将文档分为两栏。
✓　为标题段落添加边框和底纹。
✓　插入剪贴画。最终效果如图 5-18 所示。

（1）打开 Word 文档"素材\W5-6A"，选择"文件"｜"另存为"命令，弹出"另存为"对话框，将文件名更改为"W5-6"，保存。按要求设置页面距、装订线、纸张方向和纸张大小。

（2）单击"页面布局"选项卡"页面背景"组中的"页面颜色"按钮，从弹出菜单中选择"填充效果"命令，弹出"填充效果"对话框，选择"图片"选项卡，单击"选择

— 29 —

图片"按钮,从弹出对话框中选择"素材\图片素材\背景 1.jpg"图片文件,依次单击"确定"按钮应用背景。

（3）把光标定位到"蚂蚁又爬到大象的头上"段落前,单击"页面布局"选项卡"页面设置"组中的"分隔符"按钮,在弹出菜单中选择"分栏符"命令。

（4）单击"页面布局"选项卡"页面设置"组中的"分栏"按钮,在弹出菜单中选择"两栏"命令。

（5）选中标题段落,单击"页面布局"选项卡"页面设置"组中的"页面边框"按钮,弹出"边框和底纹"对话框,选择"边框"选项卡,设置边框样式为阴影,线型为实线,颜色为浅蓝,宽度为 3 磅,应用于文字。

（6）在"页面边框"对话框中选择"底纹"选项卡,设置填充颜色为浅黄,应用于文字,设置完成单击"确定"按钮。

（7）把光标定位到文档开头,单击"插入"选项卡"插图"组中的"剪贴画"按钮,显示"剪贴画"窗格,在"搜索文字"框中输入"大象",单击"搜索"按钮,显示搜索到的所有大象图像,单击要插入的大象图案,将其插入到文档中,如图 5-19 所示。单击"剪贴画"窗格右上角的"关闭"按钮可关闭窗格。

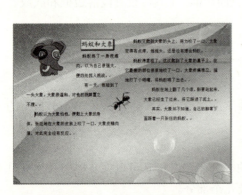

图 5-18　"W5-6"样文

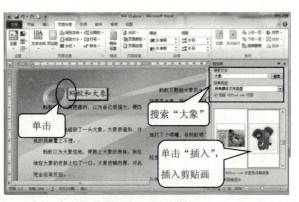

图 5-19　插入剪贴画

（8）选中插入的剪贴画,在"格式"选项卡"大小"组中指定高度为 5cm,按回车键让 Word 自动按比例设置宽度。（在更改图片和剪贴画的宽度和高度时,Word 的默认设置为按比例进行缩放。）

（9）单击"格式"选项卡"调整"组中的"删除背景"按钮,然后在自动显示的"背景消除"选项卡中单击"保留更改"按钮,如图 5-20 所示。

（10）选中剪贴画,单击"格式"选项卡"排列"组中的"位置"按钮,从弹出菜单中选择"顶端居左,四周型文字环绕"命令。

图 5-20　删除背景

（11） 将插入点放到文档末尾，用上述方法插入一张蚂蚁图案的剪贴画，删除背景并指定其位置为中间居中，四周型文字环绕。

（12） 在蚂蚁的选定状态下，单击"格式"选项卡"排列"组中的"旋转"按钮，从弹出菜单中选择"水平翻转"命令。

（13） 设置蚂蚁的高度为 2cm，并让 Word 自动按比例设置宽度。

◆ 打开"素材\文字素材\宣传单文本 1.docx"文档，另存为"如何应对电信诈骗.docx"，将页面设置为纸张 A4，方向纵向，上、下页边距为 1.25cm，左、右页边距为 3.17cm；字体设置为标题方正舒体、二号、红色、加粗，第一段文字楷体、五号、黑色、加粗、单倍行距。然后进行以下操作：

- ✓ 插入爆炸图形，设置其形状样式，并在其中添加文字。
- ✓ 插入图片，设置其环绕方式。
- ✓ 插入标注图形，设置其形状格式，并在其中添加文字。最终效果如图 5-21 所示。

图 5-21 "如何应对电信诈骗"样文

（1） 打开"素材\文字素材\宣传单文本 1.docx"文档，另存，将光标定位在第一段下方，单击"插入"选项卡"插图"组中的"形状"按钮，从弹出菜单中选择"爆炸形 1"，在第一段下方左侧绘制一个"爆炸形1"图形。

（2）在"格式"选项卡"形状样式"组中的样式列表框中选择"细微效果－黑色，深色1"。

（3）拖动图形将其移到合适位置，右击图形，从弹出菜单中选择"添加文字"命令；输入"威胁"，设置为黑体、小四号、加粗。

（4）将光标定位在第一段下方，单击"插入"选项卡"插图"组中的"图片"按钮，从弹出对话框中选择"素材\图片素材\打电话1.jpg"图片，插入。

（5）拖动图片上的控制柄，调整图片到合适的大小。

（6）右击图片，从快捷菜单中选择"大小和位置"命令，在弹出的对话框中选择"文字环绕"选项卡，选择四周型的文字环绕方式，然后移动图片到相应的位置。

（7）依次将"打电话2.jpg"、"打电话3.jpg"图片插入到文档中，按上述方法调整大小并设置环绕方式。

（8）在"插入"｜"插图"｜"形状"下拉菜单中选择"圆角矩形标注"图标，在相应位置绘制一个圆角矩形标注图形，并用鼠标指针拖动标注箭头处的黄色控制柄，调节箭头指向。

（9）在标注图形的选中状态下，在"格式"选项卡"形状样式"组的样式列表框中选择"彩色轮廓－黑色，深色1"，改变图形颜色。

（10）将绘制好的圆角矩形标注复制两个，移到下方，调节大小和箭头指向，分别设置样式为"细微效果－水绿色，强调色5"和"细微效果－橄榄色，强调色3"。

（11）在文档中剪切"我是公安部反洗钱中心。你的身份信息被盗用，涉嫌洗钱犯罪，请按要求把资金转入'安全账户'配合调查。"文字，在第一个圆角矩形标注上单击右键，选择"添加文字"命令；粘贴文字，并将文字设置为宋体、五号、黑色、左对齐。按此方法在文本中找到相应的文字剪切，添加到对应的圆角矩形标注图形中。

（12）绘制圆角矩形、波形，设置样式为"细微效果－红色，强调颜色2"。

（13）将绘制好的圆角矩形、波形复制两个，移到下方。

（14）参照样文在文本中剪切所需文字粘贴到相应的图形中，并将波形图形中的文字设置为黑体、红色、五号、加粗、左对齐，圆角矩形中的文字设置为宋体、五号、黑色、加粗、左对齐。

（15）插入心形图案，输入"防范"，并设置文字格式为宋体、小四号、加粗、左对齐，图形样式为"细微效果－红色，强调色2"。

（16）将文档中带编号的文字放置在页面下方，将其设置为宋体、五号、多倍行距1.15倍。

四、实验任务

◆ 新建一个名为"W5-7"的文档，将纸张大小设置为B5，将"素材\图片素材\背景2.jpg"图像文件设置为文档背景，然后进行以下操作：

（1）将"素材\文字素材\W5-7A.docx"文档中的所有文字复制到文档"W5-7"中，为第一篇短文的标题文字添加阴影边框和橙色底纹。

（2） 在第一篇短文后插入分栏符，将文档分为两栏，其中第一栏的宽度为 35 字符，第二栏的宽度为 15 字符（提示：在"分栏"对话框中取消选择"栏宽相等"复选框）。

（3） 在两栏文字之间绘制一条直线，颜色为红色；将"童言童语"四字设置为艺术字，并将其字号更改为一号字，放在页面右上角。

（4） 在页面右下角插入一幅笑脸剪贴画，并将其宽度改为 2cm，设置其位置为"底端居右，四周型文字环绕"。最终效果如图 5-22 所示。

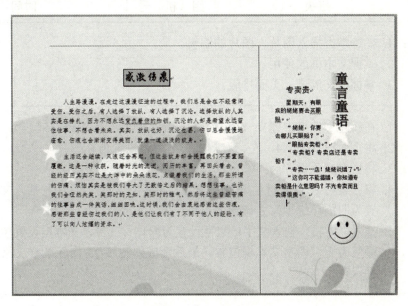

图 5-22 "W5-14"样文

实 验 报 告（实验1）

课程：　　　　　　　　　　　　　　　　　　　　实验题目：**宣传栏案例制作**

姓名		班级		组（机）号		时间	
实验目的：		1. 熟练掌握插入图片、图片的编辑。 2. 掌握文本框的使用。 3. 掌握图文混排、页面排版。					
实验要求：		1. 在新建文件夹中建立一个 Word 文档，文件名为"W5-15"。 2. 将页面设置为 A4，左、右、上、下边距设置为0。 3. 将页面颜色设置为"羊皮纸"。 4. 将"素材\图片素材\舞者、城市、文字1、文字2"图片插入文档中，设置为四周环绕型，并调整大小和位置（参照样文）。 5. 插入文本框，输入文字；文字设置为黑体、三号，文本框设置填充和线条颜色为无，调整文本框位置，最后形成如图 5-23 所示的样文格式，将文件保存。					
实验内容与步骤：							
实验分析：							
实验指导教师				成　绩			

实 验 报 告（实验2）

课程：　　　　　　　　　　　　　　　　实验题目：<u>**宣传栏案例制作**</u>

姓名		班级		组（机）号		时间	
实验目的：	1. 熟练掌握插入图片、图片的编辑。 2. 掌握艺术字体、文本框的使用。 3. 掌握图文混排、页面排版。							
实验要求：	1. 在新建文件夹里建立一个 Word 文档，文件名为"W5-17"。 2. 将"素材\图片素材\封面素材.jpg"插入文档中。 3. 插入艺术字，选择"红色-强调文字颜色2，暖色粗糙棱台"，输入文字，设置文字效果为转换-朝鲜鼓。 4. 插入文本框，输入文字，文本框填充颜色和边框颜色设置为无。 5. 文字设置为微软雅黑，小二号，最后形成如图 5-24 所示的样文格式，将文件保存。							
实验内容与步骤：							
实验分析：							
实验指导教师			成　绩		

图 5-23　实验 1 样文

图 5-24　实验 2 样文

实 验 报 告（实验3）

课程：　　　　　　　　　　　　　　　　　　　　实验题目：<u>宣传栏案例制作</u>

姓名		班级		组（机）号		时间	

实验目的：	1. 掌握文本框、图形、图片等部件的插入方法。 2. 掌握文本框、图形的颜色设置方法。 3. 掌握在图形中输入文字的方法。 4. 综合运用知识制作宣传单。
实验要求：	1. 新建 Word 文档，文件名为"远离毒品珍爱生命.docx"，纸张 A4，横向，页面颜色，"橄榄色，强调颜色 3"。 2. 在页面顶端绘制"对角圆角矩形"，形状样式为"中等效果，橄榄色，强调颜色 3"。 3. 在页面底端绘制流程图"资料带"，调整与纸张同宽。形状样式为"中等效果，橄榄色，强调颜色 3"。 4. 标题文字黑体，红色，艺术字。 5. 插入图片，文字环绕为"穿越型"。 6. 根据样图，插入相应的图形。 7. 打开"素材\文字素材\宣传单文本 2 .docx"文件，复制需要的文字，插入到相应的图形里。字体宋体，小四号，并灵活设置行距。制作出如图 5-25 所示的文档。
实验内容与步骤：	
实验分析：	
实验指导教师		成　绩	

图 5-25 "远离毒品珍爱生命"样文

第五部分　求职简历案例制作

一、实验目的

(1) 掌握在 Word 2010 中创建表格的方法。
(2) 掌握对表格和表格数据的基本编辑方法。

二、实验要点

◆ 插入表格。主要有 3 种方法。

(1) 快速创建简单表格：单击"插入"选项卡"表格"组中的"表格"按钮，在弹出菜单中的示例表格中拖动鼠标，选定所需的行数、列数，如图 5-26 所示。

(2) 用"插入表格"对话框创建表格：在"表格"弹出菜单中选择"插入表格"命令，从弹出对话框中指定表格的行、列数和宽度等，如图 5-27 所示。设置完毕单击"确定"按钮插入相应表格。

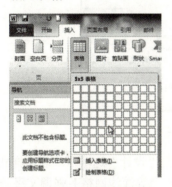
图 5-26　快速创建简单表格

图 5-27　"插入表格"对话框

(3) 绘制表格：在"表格"弹出菜单中选择"绘制表格"命令，鼠标指针变成笔形，先绘出表格的外围边框，再绘制行、列框线。在表格选定状态下，单击"设计"选项卡"绘图边框"组中的"擦除"按钮可擦除表格框线。

◆ 设置表格属性。

单击"布局"选项卡"表"组中的"属性"按钮，弹出"表格属性"对话框，可设置表格对齐方式、文字环绕方式、列宽、行高、单元格的垂直对齐方式，如图 5-28 所示。

◆ 设置表格边框线和填充。

使用"设计"选项卡"表格样式"组中的工具可以给表格的框线设置不同的颜色、线型，也可以给表格填充不同的颜色和纹理等。

◆ 拆分、合并单元格。

图 5-28　"表格属性"对话框

(1) 合并单元格：选定要合并的单元格区域，然后在"布局"选项卡中单击"合并"

— 39 —

组中的"合并单元格"按钮。

（2）拆分单元格：选中要拆分的单元格，单击"布局"选项卡"合并"组中的"拆分单元格"按钮，从弹出对话框中指定要拆分的列数和行数。

三、实验内容和实验步骤

◆ 新建一个 Word 文档，将上、下、左、右页边距设置为 2.1cm，页面方向纵向，纸张大小 A4；输入"个人简历"，将其格式设置为黑体、三号、居中；然后插入一个 7 列 16 行的表格，并设置表格样式。

（1）新建 Word 文档，保存为"简历表.docx"，根据要求进行页面设置。

（2）在文档开头输入"个人简历"，根据要求使用"开始"选项卡"字体"和"段落"组中的工具设置其字体、字号、对齐方式、行距等。

（3）单击"插入"选项卡"表格"组中的"插入表格"按钮，从弹出菜单中选择"插入表格"命令，在弹出的对话框中设置表格列数为 7，行数为 16，如图 5-29 所示。

图 5-29　插入表格操作

（4）单击表格左上角的 图标，选中表格，单击"设计"选项卡"表格样式"组样式框右下角的小三角形按钮，在弹出的列表框中选择"中等深浅网格 1-强调文字颜色 5"。

◆ 设置表格的行高和列宽。

（1）选中表格（表格外的段落标记不选），单击"布局"选项卡"表"组中的"属性"按钮，在弹出的"表格属性"对话框中选择"行"选项卡，选定"指定高度"复选框，然后在右面的数值框中输入"1cm"，单击"确定"按钮，如图 5-30 所示。

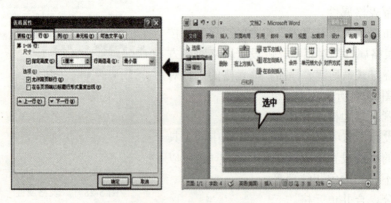

图 5-30　设置表格行高

(2) 选中第 15 行，在被选区域上单击鼠标右键，在弹出的快捷菜单中选择"表格属性"命令，在弹出的对话框中选择"行"选项卡，指定高度输入 2cm。

(3) 用同样的方法设置第 16 行行高为 5cm。

(4) 选中第一列，打开"表格属性"对话框，选择"列"选项卡，选中"指定宽度"复选框，然后输入 2.5cm。

(5) 在"列"选项卡中单击"后一列"按钮，使光标自动切换到第 2 列，指定宽度输入 2.5cm。用同栏的方法分别指定第 3 列到第 7 列的宽度为 2cm、2cm、2cm、2.5cm、3cm。设置完成单击"确定"按钮。

◆ 合并单元格。

(1) 选中第 7 列的 1 至 4 单元格，单击"布局"选项卡"合并"组中的"合并单元格"按钮。

(2) 用同样的方法合并如下单元格：第 4 行 2 至 3 单元格，第 4 行 5 至 6 单元格，第 5 行 1 至 7 单元格，第 6 行 1 至 7 单元格，第 7 行 1 至 7 单元格，第 12 行 1 至 7 单元格，第 15 行 1 至 7 单元格，第 16 行 1 至 7 单元格。

◆ 拆分单元格。

(1) 选中第 8 行至 11 行，单击"布局"选项卡"合并"组中的"拆分单元格"按钮，弹出"拆分单元格"对话框，设置列数为 3，行数为 4，如图 5-31 所示。

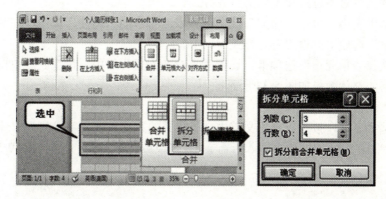

图 5-31 拆分单元格

(2) 用相同的方法选中第 13、14 行，拆分单元格：列数为 4，行数为 2。

◆ 设置表格的边框样式。

(1) 选中表格（表格外的段落标记不选），单击"设计"选项卡"表格样式"组中的"边框"按钮右侧的小三角形，在弹出菜单中选择"边框和底纹"命令。

(2) 从弹出的"边框和底纹"对话框中选择"边框"选项卡，在"设置"栏中选择"自定义"，然后单击预览区中外框线对应的按钮（虚框所示），取消外框线，如图 5-32 所示。

(3) 在"边框和底纹"对话框"边框"选项卡中将边框属性设置为：样式为双线，宽度为 2.25 磅，颜色为蓝色，再单击预览处外框线对应的按钮（虚框所示），应用于表格。

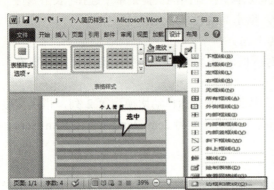 

图 5-32 设置表格框线

（4）单击预览处内框线对应的按钮（虚框所示）取消内框线，然后打开"边框和底纹"对话框的"边框"选项卡，设置框线样式为单实线，宽度 1.5 磅，颜色紫色，再单击预览处内框线对应的按钮（虚框所示），应用于表格。

（5）把光标定位到第 5 行，参照上面操作定义上边框样式为双线，宽度为 1.5 磅，应用于单元格。

◆ 设置表格对齐方式和单元格对齐方式。

（1）选中表格，单击"布局"选项卡"表"组中的"属性"按钮，在弹出的对话框中选择"表格"选项卡，设置对齐方式为居中。

（2）选择"单元格"选项卡，设置垂直对齐方式为居中。设置完成单击"确定"按钮。此时表格的整体效果如图 5-33 所示。

◆ 输入表格内容。

（1）选择表格，按设置常规文档中文本格式的方法设置文字格式为宋体、五号字。

（2）参照图 5-34 中的样表输入所需文字。完成后保存文件，文件名为"W5-19.docx"。

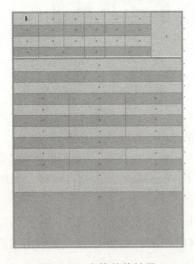 

图 5-33 表格整体效果　　　　　　　　图 5-34 样表

四、实验任务

◆ 新建一个 Word 文档，命名为 "W5-18.docx"，按照下述要求制作表格，形成如图 5-35 所示的表格。

（1）插入一个 6 行 6 列的表格。
（2）设置表格外框为 1.5 磅，第 1 行下框线设置为 0.5 磅的双线。
（3）输入文字，并将其设置为幼圆体、小四号字，设置所有单元格居中对齐。
（4）合并、拆分单元格。

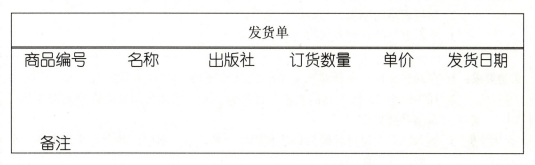

图 5-35 "W5-18.docx" 文档表格示例

◆ 新建一个 Word 文档，命名为 "W5-19.docx"，按照下述要求制作表格，形成如图 5-36 所示的表格。

（1）插入一个 7 行 6 列的表格。
（2）设置表格为无外框线。
（3）输入文字，并将其设置为仿宋体、小四号字，首行水平居中对齐。
（4）合并、拆分单元格。

商品名称	规格	单位	数量	单价	金额					
总计金额	佰	拾	万	仟	佰	拾	元	角	分

图 5-36 "W5-19.docx" 文档表格示例

实 验 报 告

课程: 实验题目:<u>求职简历案例制作</u>

姓名		班级		组(机)号		时间	
实验目的: 1. 熟悉各种创建表格的方法。 2. 掌握表格的编辑、修改。 3. 掌握表格的计算及排序等操作。							
实验要求: 1. 在新建文件夹中新建一个 Word 文档,命名为"个人简历"。 2. 插入一个 23 行 6 列的表格,行高为 1cm,按效果图将表格单元格合并,调整各列大小。 3. 输入文字,设置标题为微软雅黑,一号,水平居中;其余文字为宋体,小三号,水平居中。 4. 插入图片 3,调整图片大小和位置如图 5-71 所示效果。 5. 创建下一页,插入"素材\图片素材\图片 3.png",调整图片大小和位置,插入一个 2 行 2 列的表格,将表格调整好,输入文字,文字设置为宋体,小二号,水平居中,如图 5-37 所示效果,将文件保存。							
实验内容与步骤:							
实验分析:							
实验指导教师				成 绩			

图 5-37　实验 2 表格示例

第六部分　批量信函案例制作

一、实验目的

（1）了解批量信函制作所用的工具——邮件合并。
（2）了解邮件合并应预先准备的两个文档：主文档和数据源文档。
（3）掌握邮件合并撰写信函功能，实现批量信函制作。

二、实验要点

◆ 邮件合并前应预先准备两个文档：主文档和数据源。
（1）主文档：格式固定不变的部分，Word 格式文档，如图 5-38 所示。

图 5-38　主文档

（2）数据源：要合并入主文档的数据文件，数据为一个规范的表格，可以是 Word 文档、Excel 工作表等，使用 Word 文档作为数据源，该文档应该只包含一个表格，表格的第一行必须包含标题，其他行必须包含要合并的记录。最常用的数据源是 Excel 工作表，如图 5-39 所示。

图 5-39　数据源

◆ 邮件合并类型：信函、电子邮件、信封、标签、目录、普通 Word 文档、邮件合并分步向导。

（1）信函：主要用于自己设计格式的主文档，是批量文档制作用得最多的合并类型。

（2）电子邮件：带向导的邮件合并，需要有 Outlook 基础。

（3）信封、标签、目录：都是带向导的邮件合并，一般不适合我们需要，都可以通过信函实现。

（4）普通 Word 文档：与信函类似。

（5）邮件合并分步向导：此类型为兼容旧版本 Word 2003 的合并方式，相对繁琐。

◆ 链接数据源：选择要链接的数据源文件，可以是 Excel 工作表，也可以是 Word 格式的数据源。

◆ 插入合并域：首先要把光标移到要插入合并数据的位置，再插入合并域。

◆ 预览结果：预览合并结果的目的是为了查看合并的内容、格式是否正确，不正确的地方可在预览中重新设置和修改，修改完成再生成合并文档。

◆ 执行合并：合并域插入并完成格式修改后，可以生成多页格式相同、数据不同的合并文档了。

三、实验内容和实验步骤

◆ 打开已设计好格式的信封文档"素材\文字素材\信封模板.docx"，完善主文档，在信封右下方指定位置输入寄件人地址、姓名、邮编，然后进行邮件合并。主文档样文如图 5-40 所示。

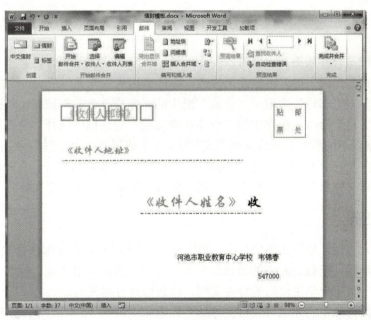

图 5-40 主文档

（1）单击"邮件"选项卡"开始邮件合并"组中的"开始邮件合并"按钮，在弹出的下拉菜单中选择"信函"合并类型。

（2）单击"邮件"选项卡"开始邮件合并"组中的"选择收件人"按钮，在弹出菜单中选择"使用现有列表"命令，弹出"选取数据源"对话框，选择"素材\文字素材\机电16-4班通讯录.docx"，单击"打开"按钮，完成主文档与数据源的数据链接。

（3）将光标移动到要插入邮编的位置，单击"邮件"选项卡"填写和插入域"组中的"插入合并域"按钮，从弹出菜单中选择"邮编"命令，如图5-41所示。

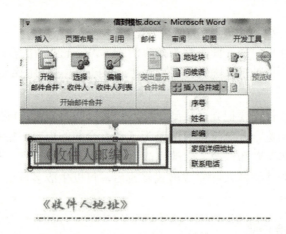

图5-41　插入"邮编"合并域

（4）将光标移动到要插入收件人的位置，在"插入合并域"弹出菜单中选择"家庭详细地址"命令。

（5）将光标移动到要插入收件人姓名的位置，在"插入合并域"弹出菜单中选择"姓名"命令。

（6）预览合并效果，主要看收件人地址、姓名的格式是否合适，不合适可以进行修改。如果格式都合适了可以不做任何修改，完成后再执行合并生成合并文档。

（7）单击"邮件"选项卡"完成"组中的"完成并合并"按钮，从弹出菜单中选择"编辑单个文档"命令，在弹出的"合并至新文档"对话框中选择"全部"，单击"确定"按钮，把数据源中的所有记录合并到主文档中，并生成每页一个信封的合并文档"信函1"。

（8）在"信函1"合并文档界面选择"文件"｜"保存"命令，在弹出的"另存为"对话框中选择文件保存位置，输入文件名，单击"保存"按钮保存文档。

四、实验任务

◆ 打开已设计好格式的信封文档"信封模板.DOCX"，通过邮件合并工具，按照实验内容和实验步骤，把数据源中的通讯录里面的邮编、家庭详细地址、姓名合并到信封模板中，并生成一页一个学生信封的合并文档，以备信封打印使用。

◆ 在数据源中的通讯录表格上方加个标题如"机电16-4班同学通讯录"，再按实验步骤重复操作一遍，看看是否还能实现邮件合并，如果不能，想想为什么？

实 验 报 告

课程：　　　　　　　　　　　　　　　　　　　　实验题目：<u>批量信函案例制作</u>

姓名		班级		组（机）号		时间	
实验目的：	1. 了解批量信函制作所用的工具——邮件合并。 2. 了解邮件合并应预先准备的两个文档。 3. 掌握邮件合并撰写信函功能，实现批量信函制作。						
实验要求：	1. 打开已设计好格式的信封文档"信封模板.DOCX"。 2. 按实验内容的实验步骤进行操作，生成合并文档。 3. 在数据源中的通讯录表格上方加个标题如"机电16-4班同学通讯录"，再按实验步骤重复操作一遍，看是否还能实现邮件合并。如果不能，想想为什么？						
实验内容与步骤：							
实验分析：							
实验指导教师				成　绩			

第七部分　工作流程图案例制作

一、实验目的

（1）熟悉页眉和页脚的设置方法。
（2）掌握流程图的制作方法。

二、实验要点

◆ 页眉和页脚的设置。
（1）插入页眉：单击"插入"选项卡"页眉和页脚"组中的"页眉"按钮。页眉位于页面的顶部。
（2）插入页脚：单击"插入"选项卡"页眉和页脚"组中的"页脚"按钮。页脚位于页面的底部。

◆ 利用自选图形制作流程图。
可以通过插入各式各样自选图形，如矩形、圆、直线、箭头、公式符号、流程图符号、星与旗帜等形状，来组合成流程图。

三、实验内容与实验步骤

◆ 插入页眉和页脚。
（1）新建一个 Word 文档，将上、下、左、右页边距均设置为 2.1mm，纵向，纸张大小 A4，保存为"流程图.docx"。
（2）单击"插入"选项卡"页眉和页脚"组中的"页眉"按钮，在弹出的下拉菜单中选择"朴素型（奇数页）"样式，在页面上插入相应的页眉，如图 5-42 所示。

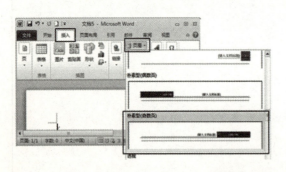
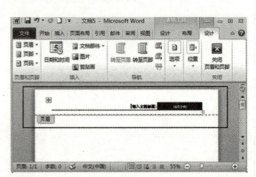

图 5-42　插入页眉

（3）删除"[键入文档标题]"提示文字，在光标处输入：客户投诉服务流程。文字设置为：隶书、五号、加粗、左对齐。
（4）单击"选取日期"，再单击其右侧出现的下拉按钮，在弹出的列表框中单击"今日"，在页面空白处双击鼠标，退出页眉的编辑。
（5）单击"插入"选项卡"页眉和页脚"组中的"页脚"按钮，在弹出的下拉菜单中选择"字母表"样式,在页面上插入相应的页脚。

(6) 删除"[键入文字]"文本,在光标处输入:内部参考 请勿外传。文字设置为:楷体、五号、加粗、左对齐。在页面空白处双击鼠标,退出页脚的编辑。

◆ 流程图的制作。

(1) 单击"插入"选项卡"插图"组中的"形状"按钮,在弹出的下拉菜单中选择"圆角矩形"工具,然后在页面合适位置拖动鼠标,绘制一个圆角矩形。

(2) 选中圆角矩形,单击"格式"选项卡"形状样式"组中的"形状填充"按钮,从弹出菜单中选择"无填充颜色"命令。

(3) 选中圆角矩形,单击"格式"选项卡"形状样式"组中的"形状轮廓"按钮,从弹出菜单中选择"粗细"|"1磅"命令,再单击红色颜色块。

(4) 右击圆角矩形,在弹出的快捷菜单中单击"添加文字"命令,进入编辑文字状态,输入"客户投诉",并将该文字设置为四号字,黑色,居中。

(5) 选中图形框,在"格式"选项卡"大小"组中设置图形大小为宽5cm,高1.5cm。

(6) 按住 Ctrl 键,用鼠标向下拖动图形,复制一个新图形,将其中的文字更改为"客户服务部"。

(7) 再依此向下复制两个图形,将其中的文字分别改为"责任部门进行处理"、"填写处理结果并存档"。

(8) 按住 Shift 键,依此单击每一个图形,将绘制的所有图形全部选中,单击"格式"选项卡"排列"组中的"对齐"按钮,弹出下拉菜单,确定"对齐所选对象"命令前面显示复选标记(√),选择"左右居中"命令。

(9) 在所有图形的选定状态下,从"对齐"弹出菜单中选择"对齐边距"命令,再选择"左右居中"命令。

(10) 单击页面中空白处取消对图形的选择。

(11) 在"插入"选项卡"插图"组"形状"下拉菜单中选择"箭头总汇"栏下的"下箭头"按钮,在第一个圆角矩形和第二个圆角矩形之间绘制一个下箭头,将其设置为1磅粗细的红色边框,无填充。

(12) 在四个圆角矩形之间复制下箭头,并使所有的图形相对于边距左右居中,如图5-43 所示。

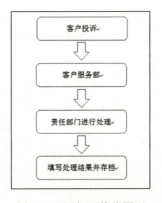

图 5-43 添加下箭头图形

（13）在"插入"选项卡"插图"组"形状"下拉菜单中选择"箭头"图标，然后在第一个下箭头右侧向右拖动鼠标绘制一个箭头，并在"格式"选项卡"形状样式"组中的样式列表中选择"粗线-强调颜色2"，如图5-44所示。

（14）复制一个圆形矩形放到箭头的右侧，将文字改为"填写《来电来访记录表》"。

（15）选中第3个下箭头向右移动至合适位置，然后复制一个下箭头放到其左侧，调整位置，单击"格式"选项卡"排列"组中的"旋转"按钮，从弹出菜单中选择"垂直翻转"命令，结果如图5-45所示。

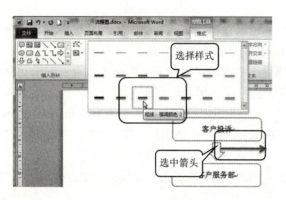

图5-44 设置箭头样式　　　　　　图5-45 复制和翻转图形

（16）单击"插入"选项卡"文本"组中的"文本框"按钮，在弹出的下拉菜单中选择"竖排文本框"命令，在上箭头左侧绘制一个文本框，并在其中输入文字"不满意"。

（17）选中"不满意"，将其设置为小五号字，并单击"开始"选项卡"段落"组中和"水平居中"按钮使其在文本框中居中对齐。

（18）选中"不满意"所在的文本框，单击"格式"选项卡"形状样式"组中的"形状轮廓"按钮，从弹出菜单中选择"无轮廓"命令。

（19）复制一个文本框到上箭头右面的下箭头右侧，将其中文本更改为"满意"，结果如图5-46所示。

（20）选中页面上的所有图形，单击"格式"选项卡"排列"组中的"组合"按钮，从弹出菜单中选择"组合"命令，将其组合为一个图形，如图5-47所示。

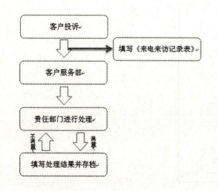 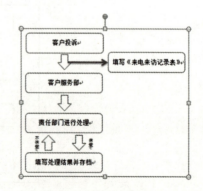

图5-46 添加文本框　　　　　　图5-47 组合图形

（21） 完成所有操作后保存更改。

四、实验任务

◆ 新建一个 Word 文档，命名为"项目评审流程图.docx"，设置上、下、左、右页边距均为 2cm，纸张方向为横向，B5 大小，并插入"奥斯汀"样式的页眉和页脚，在页眉中输入文字"项目评审流程图"，设置其格式为楷体、四号字，加粗，右对齐。然后进行以下操作：

（1） 使用矩形、菱形和箭头设置一个项目评审流程图（见样文）。
（2） 图形内文字格式设置为宋体、黑色，五号字。
（3） 图形样式设置为"细微效果，橙色，强调颜色 6"。
（4） 流程图所有图形编辑完成之后组合图形，将其设置为依页边距为基准左右居中、上下居中对齐，最终效果如图 5-48 所示。

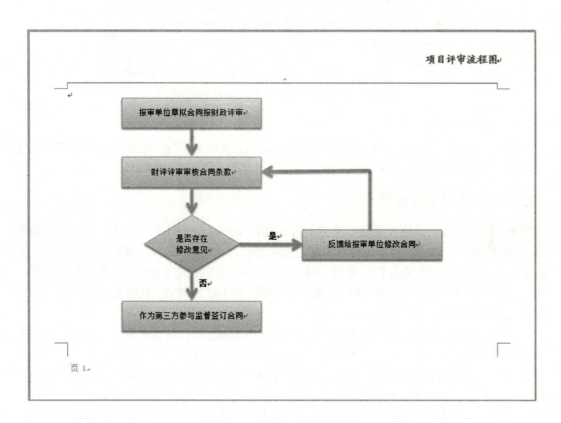

图 5-48　项目评估流程图示例

第八部分　目录案例的制作

一、实验目的

（1）掌握设置标题级别的操作方法。
（2）掌握生成目录的操作方法。

二、实验要点

◆ 设置标题级别。
在"开始"选项卡"样式"组中的样式列表框中选择标题级别，如图 5-49 所示。

图 5-49　"开始"选项卡上的文本样式列表框

◆ 生成目录。
使用"引用"选项卡"目录"组中的"目录"工具可文档自动生成目录，且具有超链接功能，从而快速定位到文档中对应的位置。

三、实验内容与实验步骤

◆ 打开 Word 文档"素材\文字素材\长文档 1.docx"，将上、下、左、右页边距设置为 2.5cm，装订线 0cm，装订线位置为左，纸张大小为 16 开，纵向；添加页眉和页码，页眉中输入文字"做个完美吃货"，并设置格式为华文行楷，四号字，加粗，奇数页靠右对齐，偶数页靠左对齐，页码位于页边距中，奇数页使用"圆（右）"样式，偶数页使用"圆（左）"样式；最后将标题文本设置为一至二级。

（1）打开 Word 文档"素材\文字素材\长文档 1.docx"，按要求设置页边距、纸张大小和纸张方向。

（2）将光标放在文档第一页中，单击"插入"选项卡"页眉和页脚"组中的"页眉"按钮，从弹出菜单中选择"字母表型"。

（3）在"设计"选项卡"选项"组中选中"奇偶页不同"复选框，这时屏幕上会提示"奇数页页眉"，选中页眉提示文字，单击"开始"选项卡"段落"组中的"右对齐"按钮。

（4）在页眉提示区中输入"做个完美吃货"，并按要求设置文字格式。

（5）单击"插入"选项卡"页眉和页脚"组中的"页码"按钮，从弹出菜单中选择"页边距"｜"圆（右侧）"图标，并在"格式"选项卡中选中"奇偶页不同"复选框。

（6）双击页面退出页眉编辑状态。

(7) 翻到第二页，单击页面定位指针，使用插入页眉工具插入字母表型页眉，按要求设置文字格式，并使用左对齐。

(8) 在第二页中插入"页边距"|"圆（左侧）"页码，退出页眉编辑状态。此时的页面效果如图 5-50 所示。

图 5-50　插入页眉和页码后的页面效果

(9) 选中文档第一页中的三号字"中国四大菜系"文本，在"开始"选项卡"样式"组的样式列表框中选择"部分标题 1"样式，再设置文字格式为黑体、三号字。

(10) 将鼠标指针放到"中国四大菜系"标题段落左侧，当指针形状变成一个右指的斜箭头时，双击鼠标选择该段落。

(11) 单击"开始"选项卡"剪贴板"组中的"格式刷"按钮，然后拖动文档窗格右侧的滚动条向后翻页，找到三号字"西方的五大快餐"，将指针放到该段落左侧单击，为该段落应用已有样式。

(12) 选中文档第一页中的四号字"川菜"文本，在"开始"选项卡"样式"组的样式列表框中选择"标题 2"样式，再设置文字格式为楷体、加粗、三号字，居中对齐。

(13) 将鼠标指针放到"川菜"标题段落左侧，当指针形状变成一个右指的斜箭头时，双击鼠标选择该选落，然后双击（**注意**）"开始"选项卡"剪贴板"组中的"格式刷"按钮。

(14) 将文档中的所有四号字段落"鲁菜"、"苏菜"、"粤菜"、"面包——大自然的恩赐"、"三明治——赌徒伯爵的午餐"、"汉堡包——美国厨师的偶然杰作"、"比萨饼——扑朔迷离的身世"8 个段落分别用单击段落左侧空白处的方法应用已有样式，如图 5-51 所示。

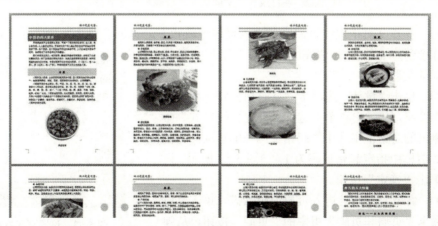

图 5-51　设置标题级别后的页面效果

◆ 在"长文档 1"的开头处生成目录,并通过目录导航快速切换到指定章节。

(1) 把光标定位到文档开头,按回车键新建一个段落(标题段落顺移到第二段)。

(2) 将光标置于新建的空段落中,在"开始"选项卡"样式"组中的样式下拉列表框中选择"清除格式"命令,清除段落样式。

(3) 在新段落中输入"目录",将其文本格式设置为楷体、三号字、加粗、居中对齐。

(4) 确定光标位置在"目录"段落结尾,按回车键换段,然后单击"引用"选项卡"目录"组中的"目录"按钮,从弹出菜单中选择"插入目录"命令,在弹出的对话框中设置标题格式和显示级别等参数。本例使用默认设置,直接单击"确定"按钮生成目录。

(5) 单击"页面布局"选项卡"页面设置"组中的"分隔符"按钮,从弹出菜单中选择"奇数页"命令,在目录和正文之前插入一个分节符,并使正文开始于下一个奇数页上。

(6) 按 Del 键删除正文前面的空段落,此时的文档效果如图 5-52 所示。

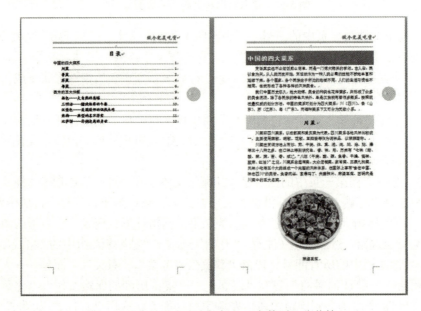

图 5-52　在目录和正文间插入"奇数页"分节符

(7) 在正文页中双击页眉区,进入页眉编辑状态,单击"设计"选项卡"导航"组中的"链接到前一条页眉"按钮,取消正文页眉与目录页眉之间的关联。

(8) 单击"设计"选项卡"页眉和页脚"组中的"页码"按钮,从弹出菜单中选择"设置页码格式"命令,在弹出的对话框中选中"起始页码"单选项,并在其后的数值框中指定起始页码为 1,如图 5-53 所示。设置完毕单击"确定"按钮。

(9) 翻到目录页,进入页眉编辑状态,单击"设计"选项卡"页眉和页脚"组中的"页眉"按钮,从弹

图 5-53　设置页码格式

出菜单中选择"删除页眉"命令，再单击"页眉和页脚"组中的"页码"按钮，从弹出菜单中选择"删除页码"命令，删除目录页的页眉和页码，此时文档效果如图 5-54 所示。

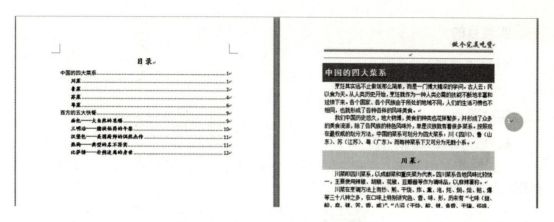

图 5-54　"W5-24.docx"文档最终效果

（10）按住 Ctrl 键，单击目录中的"西方的五大快餐"目录项，跳转到相应正文内容，测试目录的链接效果。

四、实验任务

◆ 打开"素材\文字素材\长文档 2.docx"文档，设置纸张大小为 16 开，页面距适中，标题一到三级，一级标题的文字格式为楷体、加粗、二号字，居中，二级标题的文字格式为仿宋体、加粗、三号字，居中，三级标题的文字格式为楷体、小四号字，居中，然后提取目录，最终效果如图 5-55 所示。

图 5-55　"长文档 2"生成目录样文

第九部分　制作考试试卷——公式的插入与编辑

一、实验目的

（1）掌握插入公式的方法。
（2）掌握公式的编辑方法。

二、实验要点

◆ 插入常用公式的方法。

单击"插入"选项卡"符号"组中的"公式"按钮下面的小三角形，从弹出菜单中选择要插入的常用公式，如图 5-56 所示。

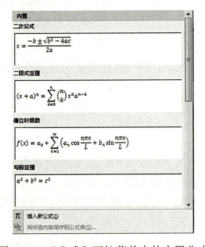

图 5-56　"公式"下拉菜单中的内置公式

◆ 插入复杂的数学公式。

单击"插入"选项卡"符号"组中的"公式"按钮，显示"设计"选项卡，使用"结构"和"符号"组的工具编辑完成，如图 5-57 所示。

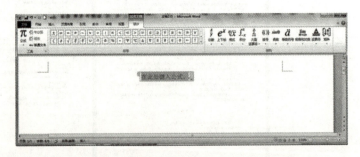

图 5-57　公式的"格式"选项卡和编辑页面

三、实验内容与实验步骤

◆ 新建一个 Word 文档，插入绝对值公式。

$$|x|=\begin{cases}-x, & x<0\\ x, & x\geq 0\end{cases}$$

（1）创建一个新文档，双击页面中部，定位插入点。

（2）单击"插入"选项卡"符号"组中的"公式"按钮下方的小三角形，将鼠标指针指向"office.com"中的其他公式，弹出下级菜单，选择"绝对值"公式，如图5-58所示。

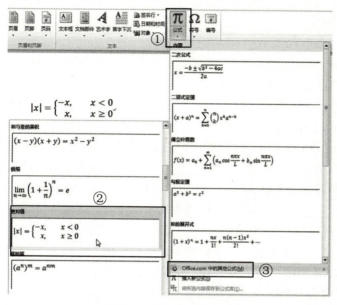

图 5-58 插入绝对值公式

四、实验任务

◆ 新建 Word 文档"公式 B.docx"，打开"素材\文字素材\公式.docx" Word 文档，将其中全部内容复制到"公式 B.docx"，然后到"公式 B.docx"文档底部输入以下内容：

试题分析：（1）小球从 M 后作平抛运动，由 $2R=\dfrac{1}{2}gt^2$

得平抛时间为 $t=\dfrac{\sqrt{4R}}{g}=0.4s$，

则有：$V_M=\dfrac{S}{t}=0.4m/s$

（2）小球在 M 点时有：$mg+F_N=\dfrac{mV_M^2}{R}$

得：$F_N=\dfrac{mV_M^2}{R}-mg=1.5N$

根据牛顿第三定律可知，小球经过 M 时对轨道的压力为 1.5N。

（3）由动能定律得：$-mg\cdot 2R-W_f=\dfrac{1}{2}mV_M^2-\dfrac{1}{2}mV_1^2$

解得：$W_f=0.1J$

第十部分　成人计算机考试综合练习题——Word 模块

一、填空题

（1）快速访问工具栏中默认显示_____按钮。

（2）Word 2010 的_____代替了传统的菜单栏和工具栏，可以帮助用户快速找到完成某一任务所需的命令。

（3）在 Word 2010 文档中，要完成修改、移动、复制、删除等操作，必须先_____要编辑的区域，使该区域成反相显示。

（4）当一个段落结束，需要开始一个新段落时，应该按_____键。

（5）在 Word 2010 窗口中，单击_____按钮可取消最后一次执行的命令。

（6）在 Word 2010 文档中，若将选定的文本复制到目的处，可以采用鼠标拖动的方法：先将鼠标移到所选定的区域，按住_____键后，拖动鼠标到目的处。

（7）如果想要保存当前文档的备份，应选择_____命令。

（8）使用_____中的工具可以为文本应用内置的段落格式。

（9）首字下沉排版方式包含_____和_____两种样式。

（10）要在文档中快速建立一个结构图，可通过插入_____的方式实现。

（11）在 Word 2010 中，若要选择整篇文档，可以按_____组合键实现。

（12）当需要为多个收件人发送相似的文件时，可通过_____批量制作。

（13）通过将多个不同的_____组合起来，可以制作流程图，帮助人们快速了解工作流程，提高工作效率。

（14）目录是通过提取文档中的_____生成的列表，可以方便读者快速检索或定位到感兴趣的内容，有助于读者了解文章的纲要结构。

（15）Word 2010 提供的_____可以方便地实现各种公式的插入和编辑。

二、单项选择题

（1）新建 Word 文档的快捷键是（　　）。
　　A. Ctrl+A　　　B. Ctrl+N　　　C. Ctrl+O　　　D. Ctrl+S

（2）在 Word 2010 中，保存文档应按_____组合键。
　　A. Ctrl+C　　　B. Ctrl+A　　　C. Ctrl+S　　　D. Ctrl+X

（3）Word 2010 文档文件的扩展名是（　　）。
　　A. TXT　　　B. WPS　　　C. DOC　　　D. DOCX

（4）在输入文字的过程中，若要开始一个新行而不是开始一个新的段落，可以使用快捷键（　　）。
　　A. Enter　　　　　　　　　B. Ctrl+Enter
　　C. Shift+Enter　　　　　　D. Ctrl+Shift+Enter

（5）打开 Word 2010 文档一般是指（　　）。
　　A. 把文档的内容从磁盘调入内存，并显示出来

B. 把文档的内容从内存中读入，并显示出来
C. 显示并打印出指定文档的内容
D. 为指定文件开设一个新的、空的文档窗口

(6) 字体、段落格式设置是在（　　）选项卡中。
A. 文件　　　　　　　　　　B. 插入
C. 开始　　　　　　　　　　D. 页面布局

(7) 下面 4 种关于图文混排的说法中，（　　）是错误的。
A. 可以在文档中插入剪贴画
B. 可以在文档中插入外部图片
C. 图文混排指的是文字环绕图形四周
D. 可以在文档中插入多种格式的图形文件

(8) 如果希望在 Word 2010 窗口中显示标尺，应当在"视图"选项卡上（　　）。
A. 单击"标尺"按钮
B. 选中"标尺"复选框
C. 选中"文档结构图"复选框
D. 单击"页面视图"按钮

(9) 使用 Word 编辑文档时，在"开始"选项卡上单击"剪贴板"组中的（　　）按钮，可将文档中所选中的文本移到"剪贴板"上。
A. 复制　　　B. 删除　　　C. 粘贴　　　D. 剪切

(10) 使用 Word 编辑文档时，选择一个句子的操作是，移光标到待选句子中任意处，然后按住（　　）键，单击鼠标左键。
A. Alt　　　B. Ctrl　　　C. Shift　　　D. Tab

(11) 使用 Word 编辑文档时，按（　　）键可删除插入点前的字符。
A. Delete　　　　　　　　　B. BackSpace
C. Ctrl+Delete　　　　　　　D. Ctrl+Backspace

(12) 执行（　　）操作，可恢复刚删除的文本。
A. 撤销　　　B. 消除　　　C. 复制　　　D. 粘贴

(13) 在 Word 2010 文档中，若将选中的文本复制到目的处，可以按住（　　）键，在目的处单击鼠标右键即可。
A. Ctrl　　　B. Shift　　　C. Alt　　　D. Ctrl+Shift

(14) 在"视图"选项卡上单击（　　）按钮，可将打开的窗口全部显示在屏幕上。
A. 新建窗口　　B. 拆分　　　C. 全部重排　　D. 并排查看

(15) 在 Word 2010 文档正文中段落对齐方式有左对齐、右对齐、居中对齐、（　　）和分散对齐。
A. 上下对齐　　B. 前后对齐　　C. 两端对齐　　D. 内外对齐

三、多项选择题

(1) Word 2010 工作界面中包括（　　）。
A. 标题栏　　　　　　　　　B. 菜单栏

C. 功能区 D. 快速访问工具栏
E. 状态栏

(2) 可以用软键盘进行输入的符号有（　　）。
A. ①②③④ B. ☉︎︎∽∈
C. ▲★◆■ D. ¶☏✂

(3) 要移动 Word 2010 文档中选定的文本块，可以（　　）。
A. 直接拖动文本块
B. 按住 Ctrl 键拖动文本块
C. 按 Ctrl+X 组合键，然后在新位置上按 Ctrl+V 组合键
D. 在"开始"选项卡中单击"剪贴板"组中的"剪切"按钮，然后在新位置单击"剪贴板"组中的"粘贴"按钮

(4) 使用"开始"选项卡上的"字体"组中的工具可设置（　　）等选项。
A. 字体 B. 字符间距
C. 字符行距 D. 文字效果

(5) Word 2010 提供的字型主要包括（　　）等类型。
A. 常规 B. 标准
C. 长型 D. 宽型
E. 加粗 F. 加粗并倾斜

(6) 按（　　）键可以删除文档中的字符。
A. 回车 B. 退格
C. Del D. 空格

(7) 在 Word 2010 文档中插入页码，可以在（　　）中设置。
A. "开始"选项卡
B. "插入"选项卡
C. 页眉和页脚工具的"格式"选项卡
D. 页眉和页脚工具的"设计"选项卡

(8) Word 中的字符包括（　　）。
A. 字母、汉字、数字 B. 标点符号
C. 特殊符号 D. 嵌入的图片

(9) 使用（　　）可以使文档的层次结构更清晰、更有条理。
A. 标题 B. 项目符号
C. 编号 D. 多级列表

(10) 在"页面布局"选项卡上的"页面设置"组中可进行的设置有（　　）。
A. 文字方向 B. 页边距
C. 纸张方向 D. 页面背景
E. 纸张大小 F. 分隔符

(11) Word 2010 表格中的单元格中数据垂直对齐方式有（　　）。
A. 顶端对齐 B. 分散对齐
C. 两端对齐 D. 垂直居中

E. 底端对齐

（12）使用（　　）文字环绕方式的对象不能随文字一起移动。
A. 四周型　　　　B. 紧密型　　　　C. 穿越型　　　　D. 嵌入型

（13）（　　）是 Office 内置的对象。
A. 形状　　　　　　　　　　　B. 图片
C. 剪贴画　　　　　　　　　　D. SmarArt 图形

（14）在 Word 2010 中可以插入（　　）表格。
A. 规范表格　　　　　　　　　B. 手工绘制的不规范表格
C. Excel 电子表格　　　　　　D. 具有特定格式的表格

（15）在 Word 中除了可以在页面中直接输入文字外，还可以在（　　）中直接输入文字。
A. 文本框　　　　　　　　　　B. 形状
C. 标注图形　　　　　　　　　D. SmartArt 图形

四、判断题

（1）Word 2010 具有图文混排功能，可设置文字竖排和多种绕排效果。（　　）

（2）Word 2010 文档的复制、剪切、粘贴操作可以通过菜单命令、工具栏按钮和快捷键来实现。（　　）

（3）为了方便对文档进行格式化，可以将文档分割成任意部分数量的节。（　　）

（4）在"页面设置"对话框中，可以指定每页的行数和每行的字符数。（　　）

（5）Word 2010 表格中的数据，可以按"升序"或"降序"重新排列。（　　）

（6）按 Ctrl+A 组合键将选定整个文档。（　　）

（7）插入 SmartArt 图形后可以在其中添加形状以增加层次结构。（　　）

（8）在创建一个新文档后，Word 2010 会自动给它一个临时文件名。（　　）

（9）Word 2010 定时自动保存功能的作用是定时自动为用户保存文档。（　　）

（10）在 Word 2010 中可以直接将普通文字转换为艺术字。（　　）

（11）艺术字对象实际上就是文字对象。（　　）

（12）通过拖动标题栏可以来回移动窗口。（　　）

（13）在 Word 2010 中，单击鼠标可以取得与当前工作相关的快捷菜单，方便快速地选取命令。（　　）

（14）按 Alt+A 组合键可以选择所有图形。（　　）

（15）Word 2010 中插入图片的来源有两种，一种是外部图片，另一种是 Word 本身自带的剪贴画。（　　）

模块六 电子表格软件 Excel 2010 实验

第一部分 Excel 工作表的建立

一、实验目的

（1）掌握创建和编辑 Excel 工作簿的操作方法。
（2）掌握保存 Excel 工作簿的操作方法。
（3）掌握调整行高和列宽、合并后居中等简单的表格编辑操作。

二、实验要点

◆ 新建 Excel 2010 的 3 种方法。

（1）单击"开始"按钮，从弹出的"开始"菜单中选择"所有程序"|"Microsoft Office"|"Microsoft Excel 2010"命令，启动 Excel 2010，同时自动产生一个名为"工作簿 1.xlsx"的工作簿，其中包含 3 张工作表，如图 6-1 所示。

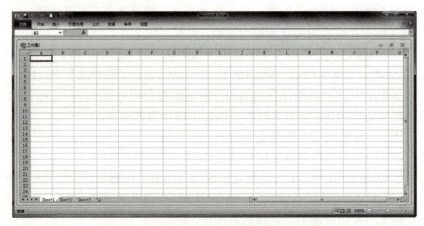

图 6-1 启动 Excel 2010 创建的默认工作簿

（2）双击桌面上的 Excel 2010 图标，启动 Excel 2010，同时新建一个空白工作簿。
（3）启动 Excel 2010 后，在程序窗口中选择"文件"|"新建"命令。

◆ 保存工作簿的 4 种方法。

（1）单击快速访问工具栏上的"保存"按钮。
（2）选择"文件"|"保存"命令。
（3）按 Ctrl+S 组合键。
（4）选择"文件"|"另存为"命令，保存为其他格式、名称和存放位置的文件。

◆ 插入、删除、重命名工作表。

（1）插入工作表：单击工作表标签右侧的"插入工作表"图标。

（2）删除工作表：右击工作表标签，从弹出菜单中选择"删除"命令。

（3）重命名工作表：右击工作表标签，从弹出菜单中选择"重命名"命令，然后输入新的名称。

◆ 调整行高和列宽。

单击"开始"选项卡"单元格"组中的"格式"按钮，从弹出菜单中选择"行高"或"列宽"命令，弹出相应的对话框，即可指定行高的高度或列宽的宽度。

◆ 合并后居中。

单击"开始"选项卡"对齐方式"组中的"合并后居中"按钮，即可合并多个单元格，并使单元格中的数据居中对齐，常用于标题单元格的设置。

三、实验内容与实验步骤

◆ 制作一份学生成绩表，输入图 6-2 所示的内容，将标题放在第一行的合并单元格中，居中对齐，并调整表格行、列的宽度，然后将 Sheet1 工作表的名称改为"期中"。

姓 名	语 文	数 学	英 语	科 学	计算机	总成绩
红 林	100	98	98	100	0	
党 韦	99	100	97	98	0	
王 乐	100	95	98	99	0	
夏亚雷	98	95	92	100	0	
孙媛飞	86	89	100	100	0	
张国东	95	90	85	98	0	
商慧霞	90	90	85	98	0	
郝万云	85	90	100	92	0	
李 卉	85	90	88	95	0	
纪 军	84	100	92	85	0	
吴进珍	86	95	89	83	0	
郭和乾	80	90	85	95	0	

实验A组期中考试成绩表

图 6-2 样表

（1）从开始菜单中启动 Excel 2010，单击快速访问工具栏上的"保存"按钮，将工作簿保存为"实验 A 组成绩表.xlsx"，放置在 D:盘中。

（2）在 A1 单元格中输入"实验 A 组期中考试成绩表"，按回车键到第二行，第一行一般是表格的标题。

（3）在第二行中依次输入"姓 名、语 文、数 学、英 语、科 学、计算机、总成绩"，分别从 A2 到 E2 单元格，按回车键到第三行。

（4）在第三行开始输入具体信息，如图 6-2 所示，按回车键向下移动，按 Tab 键横向移动，数字可以用小键盘输入。

（5）单击工作表左侧的行号"1"，选中第一行，再单击"开始"选项卡"单元格"组中的"格式"按钮，从弹出菜单中选择"行高"命令，在弹出对话框中指定行高为 25，确定，如图 6-3 所示。

（6）选择"A1：G1"区域，单击"开始"选项卡"对齐方式"组中的"合并后居中"按钮，使表格标题相对于表格内容居中对齐。

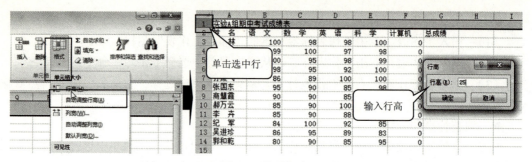

图 6-3 设置行高

（7）选择标题文字，使用"开始"选项卡"字体"组中的工具将其设置为黑体、20 磅、加粗，深蓝色。（设置方法同 Word。）

（8）右击 Sheet1 工作表标签，从弹出菜单中选择"重命名"命令，工作表名称进入编辑状态，直接输入"期中"，按回车键确认。

（9）单击快速工具栏上的"保存"按钮保存更改。

四、实验任务

◆ 新建 Excel 工作簿 Book1，保存为"发货单"，在工作表 Sheet1 中输入数据，设置为行高 20，列宽 12，并设置首行单元格合并后居中，字体为黑体、16 磅，如图 6-4 所示。

图 6-4 "发货单"样表

◆ 新建 Excel 工作簿 Book2，另存为"学生成绩表"，在 Sheet1 中输入数据，设置标题行中文字加粗，并设置行高为 22，列宽为 13，如图 6-5 所示。

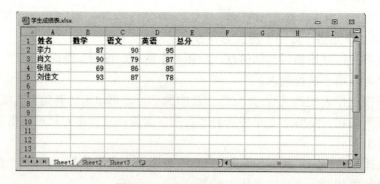

图 6-5 "学生成绩表"样表

第二部分　格式化工作表

一、实验目的

（1）掌握表格格式的设置方法。
（2）掌握表格中数据格式的设置方法。

二、实验要点

◆ 快速套用表格样式。

选择表格，单击"开始"选项卡"样式"组中的"套用表格样式"按钮，从弹出菜单中选择表格样式，如图 6-6 所示。

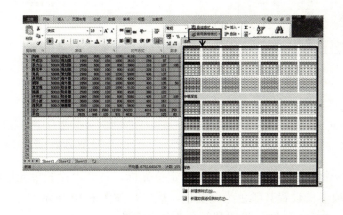

图 6-6　套用表格样式

◆ 使用单元格格式设置。

单击"开始"选项卡"单元格"组中的"格式"按钮，从弹出菜单中选择"设置单元格格式"命令，从弹出的对话框中可设置数字格式、数据的对齐方式、数据的字体、边框、底纹等，如图 6-7 所示。

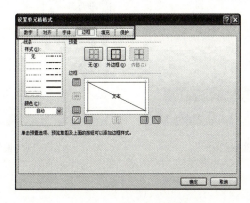

图 6-7　设置单元格格式

三、实验内容与实验步骤

◆ 打开"实验 A 组成绩表.xlsx"工作簿,为表格添加边框和底纹,并设置表格内数据的对齐方式,如图 6-8 所示。

(1) 启动 Excel 2010,选择"文件丨"打开"命令,弹出"打开"对话框,打开 D:驱动器,双击上次保存的"实验 A 组成绩表.xlsx"文件,打开该文件。

(2) 选择 A1:G1 单元格区域,单击"开始"选项卡"单元格"组中的"格式"按钮,从弹出菜单中选择"设置单元格格式"命令,弹出"设置单元格格式"对话框,选择"边框"选项卡,单击"外边框"和"内部"按钮为表格区域添加边框,确定,如图 6-9 所示。

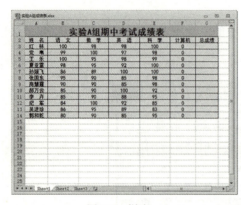
图 6-8 样表

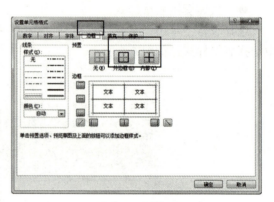
图 6-9 设置边框

(3) 在第一行的合并单元格中单击,定位光标,打开"设置单元格格式"对话框,选择"填充"选项卡,设置其颜色为金黄色,确定,如图 6-10 所示。

(4) 选择 A2:G14 区域,设置其颜色为"黄色"。

(5) 选择 A2:G14 区域,在"设置单元格格式"对话框中选择"对齐"选项卡,如下图所示,设置其为文本水平居中对齐、垂直居中对齐,确定,如图 6-11 所示。

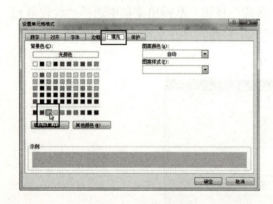
图 6-10 设置底纹

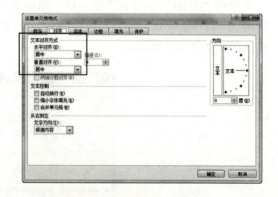
图 6-11 设置数据对齐方式

四、实验任务

◆ 新建 Excel 工作簿 Book1,在工作表 Sheet1 中输入数据,设置为行高 20,列宽 12,

将工作表标签 Sheet1 改名为“销售计划表”，并设置以下格式：

（1） 首行合并后居中，字体为黑体、16 磅。

（2） 所有单元格中数据垂直和水平居中对齐，标题行文字为黑体，设置内外框线。效果如图 6-12 所示。

市场部08年销售计划			
主机	显示器	键盘	合计
51500	340000	49500	
68000	68000	14000	
75000	85500	3500	
151500	144900	9150	

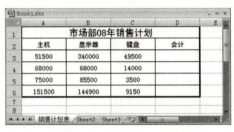

图 6-12　工作簿 Book1 效果

◆　新建 Excel 工作簿 Book2，在工作表 Sheet1 中输入数据，设置行高为 22，列宽为 13，将工作表标签 Sheet1 改名为“学生成绩表”，然后设置以下格式：

（1） 标题行中数据字体加粗。

（2） 所有单元格内文字数据水平居中，数字数据水平居右。

（3） 所有单元格垂直居中对齐，设置内外框线和底纹。效果如图 6-13 所示。

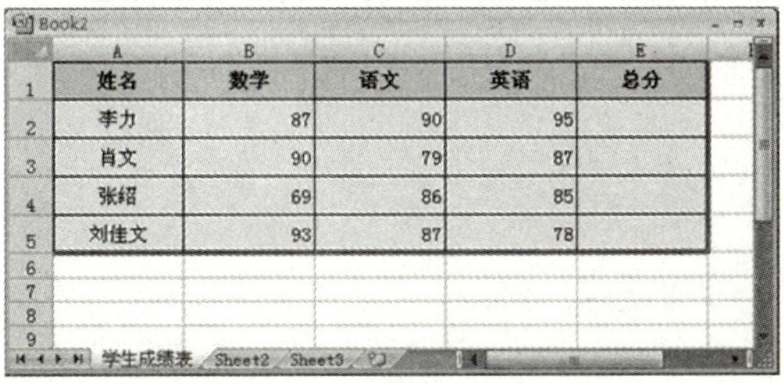

姓名	数学	语文	英语	总分
李力	87	90	95	
肖文	90	79	87	
张绍	69	86	85	
刘佳文	93	87	78	

图 6-13　工作簿 Book2 效果

◆　新建 Excel 工作簿 Book3，在工作表 Sheet1 中输入数据，设置第 3～9 行高为 22，列宽为 12，将工作表标签 Sheet1 改名为“销售统计表”，设置以下格式：

（1） 首行合并及居中，文字水平居中，数字水平居右，除斜线表头外，所有单元格垂直居中对齐，设置内外框线；标题文字为楷体、加粗、16 磅，文本字体加粗。

（2） 计算各产品的总销售量。效果如图 6-14 所示。

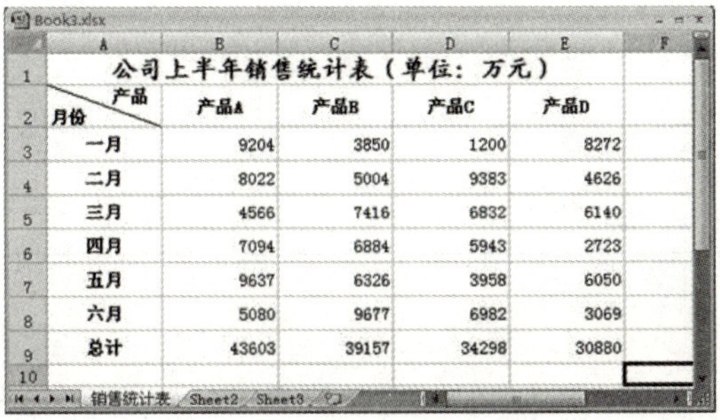

公司上半年销售统计表（单位：万元）				
产品 月份	产品A	产品B	产品C	产品D
一月	9204	3850	1200	8272
二月	8022	5004	9383	4626
三月	4566	7416	6832	6140
四月	7094	6884	5943	2723
五月	9637	6326	3958	6050
六月	5080	9677	6982	3069
总计	43603	39157	34298	30880

图 6-14　工作簿 Book3 效果

实 验 报 告（实验1）

课程：　　　　　　　　　　　　　　　　　　　　　　　　实验题目：<u>格式化工作表</u>

姓名		班级		组（机）号		时间	
实验目的：	\multicolumn{7}{l}{1. 掌握格式化工作表的方法。 2. 掌握格式化工作表中数据的方法。}
实验要求：	\multicolumn{7}{l}{1. 新建 Excel 工作簿，命名为"我的工作簿"。 2. 在工作表 Sheet1 中输入数据，设置第 1 行行高为 25，其余行高为 16，列宽为 10，将工作表标签改名为"学生成绩表"。 3. 设置以下格式：文字水平居中，数字水平居右，所有单元格垂直居中对齐，设置内外框线和底纹，标题文字为楷体、加粗、16 磅。效果如图 6-15 所示。}
实验内容与步骤：							
实验分析：							
实验指导教师				成　绩			

实 验 报 告（实验2）

课程：　　　　　　　　　　　　　　　　　　　实验题目：**格式化工作表**

姓名		班级		组（机）号		时间	
实验目的：	1. 掌握格式化工作表的方法。 2. 掌握格式化工作表中数据的方法。							
实验要求：	1. 在 Excel 新建工作簿中的工作表 Sheet1 输入数据。 2. 在工作表 Sheet1 中，设置行高分别为 45、25，列宽分别为 11、8、19，将工作表标签 Sheet4 改名为"一（1）课程表"。 3. 设置以下格式：文字水平居中，数字水平居右，所有单元格垂直居中对齐，设置内外框线和底纹，标题文字为楷体、加粗、22 磅。效果如图 6-16 所示。							
实验内容与步骤：							
实验分析：							
实验指导教师			成　绩		

学生成绩表				
姓名	李翰	韩旭	白洁	汪洋
数学	87.5	89	91.5	88.5
物理	83.5	76	65.5	90
化学	56	64	88	78
英语	84	55	88	65.5
平均分				

图 6-15　实验 1 效果

南湖小学课程表　一(1)班

节次　星期	一	二	三	四	五	作息时间
学生早读						8:00—8:20
学生写字						8:20—8:30
学生早操						8: 30—9: 05
1	语文	语文	数学	数学	语文	9: 05—9: 45
休息时间						9: 45—9:55
2	数学	语文	数学	语文	数学	9: 55—10: 35
眼保健操						10: 35—10: 50
3	音乐	音乐	体育	语文	美术	10: 50—11: 30
放早学						11:30
天天故事会						14: 50—14: 55
数学学科训练						14: 55—15: 15
4	语文	数学	语文	思品	美术	15:20—15:50
5	写字	学科	诵读	体育	阅读	16:00—16:30
6	阅读	活动	阅读	教师学习	阅读	16:40—17:10
7	课外活动					17:15—17:30
放　晚　学						17:30

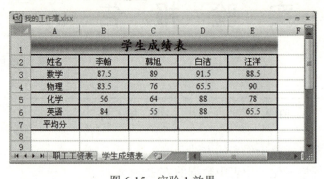

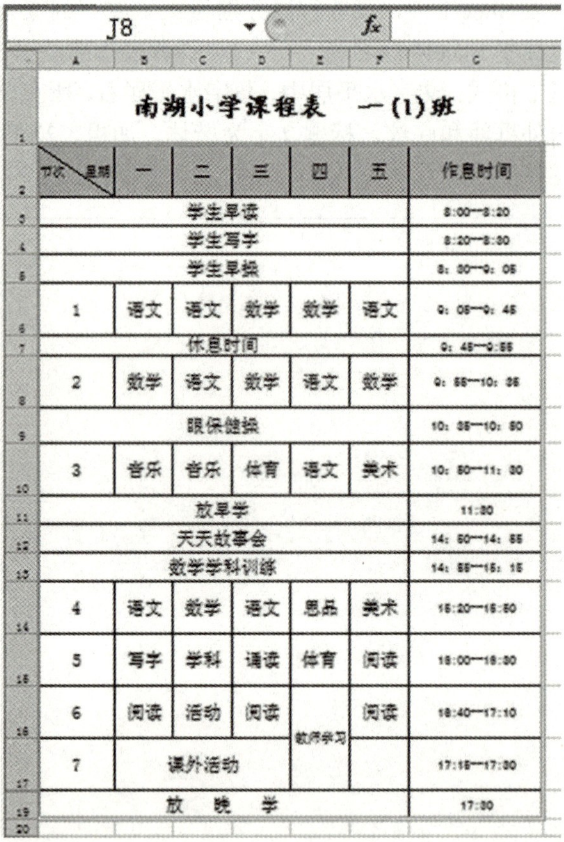

图 6-16　实验 2 效果

第三部分 常用函数的应用

一、实验目的

（1）了解公式与函数的概念。
（2）了解 Excel 的常用运算符和常用函数。
（3）掌握在 Excel 中求和、求平均数、求最大值和最小值的方法。

二、实验要点

◆ 公式与函数。

输入公式时一定要先输入"="，然后输入表达式，完成后按回车键。公式中可以包含函数，进行一些特定的计算。

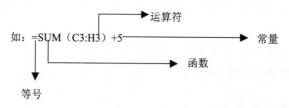

◆ Excel 常用的运算符。

包括算术运算符，比较运算符，文本运算符，引用运算符。在 Excel 公式中运算顺序为"括号优先，从左到右，根据运算符的特定顺序进行计算，先乘除后加减"。

◆ Excel 常用函数。

（1）求和函数 SUM()：返回单元格区域中所有数值的和。
（2）求平均值函数 AVERAGE()：计算参数或单元格区域中所有数值的平均值。
（3）求最大值函数 MAX()：返回一组数值中的最大值。
（4）求最小值函数 MIN()：返回一组数值中的最小值。

三、实验内容与实验步骤

◆ 打开"实验 A 组成绩表"工作簿，在"期中"工作表的现有数据右侧添加"平分成绩"列，然后统计每位同学的总分、平均分及各科目的最高分、最低分和平均分，结果如图 6-17 所示。

（1）打开"实验 A 组成绩表"工作簿，将光标定位于"期中"工作表的 H2 单元格中，输入"平均成绩"。

（2）选择 A1:H1 单元格区域，单击两次"合并后居中"按钮，第一次单击将取消原合并单元格的合并，第二次单击则重新合并选定单元格区域。

（3）选择 H2:H4 单元格区域，使用"设置单元格格式"对话框添加边框和底纹。

（4）选择求和数据和存放求和结果的单元格区域 B3:G14，单击"开始"选项卡"编辑"组中的"自动求和"按钮 Σ，即可求出总分。

图 6-17 和与平均值的计算

（5）将光标定位于 H3 单元格中，单击编辑栏上的"插入函数"按钮" ![fx] "，弹出"插入函数"对话框，选择求平均函数 AVERAGE，单击"确定"按钮，弹出"函数参数"对话框，在"Number1"框中指定 B3:E3 单元格区域，单击"确定"按钮完成计算，如图 6-18 所示。

 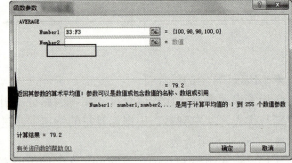

图 6-18 使用函数求平均值

（6）用鼠标向下拖动 H3 单元格填充柄（单元格右下角的小黑块）复制公式，直到选中单元格区域 H3:H14 为止，即可求出每位同学的平均分，如图 6-19 所示。

图 6-19 复制函数得到计算结果

（7）在 A16、A17、A18 单元格中分别输入"最高分"、"最低分"和"平均分"。

（8）将光标定位于单元格 B16 中，单击"开始"选项卡"编辑"组中的"自动求和"按钮右侧的小三角形，从弹出的下拉菜单中选择"最大值"命令，然后选择 C3:C14 单元格区域，计算该区域数据的最大值。

（9）用鼠标向右拖动 B16 单元格填充柄（单元格右下角的小黑块）复制公式，直到选中单元格区域 B16:F16 为止，求出每科目的最大值。

（10）用上述方法求出每科目的最低分和平均分，完成后得到如图 6-21 所示的结果，单击快速访问工具栏上的"保存"按钮保存更改。

四、实验任务

◆ 新建 Excel 工作簿，保存为"市场部 17 年销售计划.xlsx"，在工作表 Sheet1 中输入图 6-20 所示的数据，设置内外框线，并设置行高为 20、列宽为 12，首行合并后居中，标题文本字体为黑体、16 磅，所有单元格中数据垂直和水平居中对齐，然后分别求各种商品的年度销售总和，得到结果如图 6-21 所示。

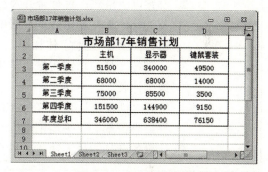

图 6-20　市场部 17 年销售计划表数据　　　　图 6-21　求和后的表格

◆ 新建 Excel 工作簿 Book2，保存为"成绩表.xlsx"，输入图 6-22 所示的数据，设置内外框线，并设置标题行文本加粗，且首行和首列数据居中对齐，然后求各科数据的平均值、最大值和最小值，结果如图 6-23 所示。

图 6-22　成绩表数据　　　　图 6-23　求平均值后的表格

实　验　报　告

课程：　　　　　　　　　　　　　　　　　　　　　　　　实验题目：<u>常用函数的应用</u>

姓名		班级		组（机）号		时间	
实验目的：	1. 掌握在 Excel 中求和的方法。 2. 掌握在 Excel 中求平均值的方法。 3. 掌握在 Excel 中求最大值和最小值的方法。							
实验要求：	1. 新建一个工作簿，在工作表 Sheet1 中输入数据，设置第 3~9 行高为 22，列宽为 12，将工作表标签 Sheet1 改名为"销售统计表"。 2. 设置以下格式：首行合并及居中，文字水平居中，数字水平居右，除斜线表头外，所有单元格垂直居中对齐，设置内外框线；标题文字为楷体、加粗、16 磅，文本字体加粗。 3. 计算各产品的总销售量，结果如图 6-24 所示。保存工作簿，命名为"销售统计表"。 4. 打开"销售统计表"，在 A10、A11、A12 单元格中分别输入"最大销量"、"最小销量"、"平均销量"。 5. 计算各产品的最大销量、最小销量和平均销量（效果图略）。							
实验内容与步骤：									
实验分析：									
实验指导教师				成　绩			

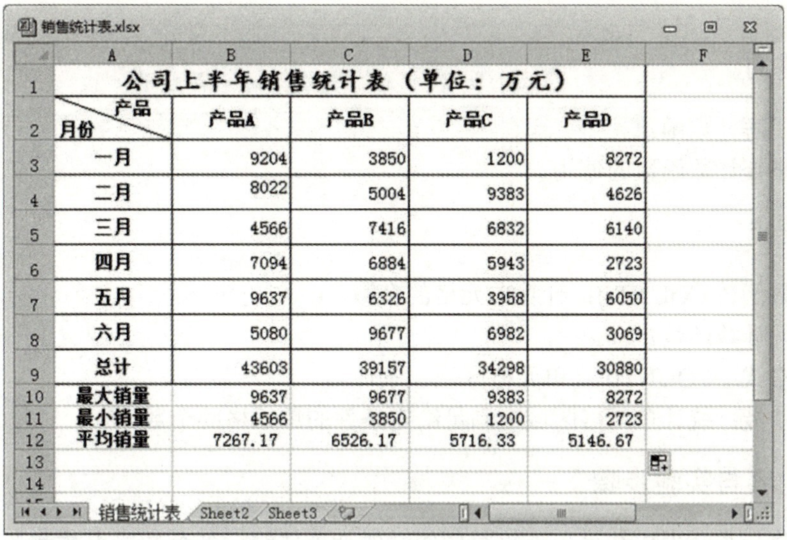

销售统计表.xlsx

	A	B	C	D	E	F
1	公司上半年销售统计表（单位：万元）					
2	产品 月份	产品A	产品B	产品C	产品D	
3	一月	9204	3850	1200	8272	
4	二月	8022	5004	9383	4626	
5	三月	4566	7416	6832	6140	
6	四月	7094	6884	5943	2723	
7	五月	9637	6326	3958	6050	
8	六月	5080	9677	6982	3069	
9	总计	43603	39157	34298	30880	
10	最大销量	9637	9677	9383	8272	
11	最小销量	4566	3850	1200	2723	
12	平均销量	7267.17	6526.17	5716.33	5146.67	
13						
14						

销售统计表 Sheet2 Sheet3

图 6-24　实验样表

第四部分　公式与计数（条件计数）函数的运用

一、实验目的

（1）了解计数函数。

（2）掌握计数函数的使用。

二、实验要点

◆ 计数函数 COUNT()：计算单元格的个数。

◆ 条件计数函数。

（1）格式：COUNTIF（单元格区域，条件）。

（2）功能：统计单元格区域中满足给定条件的单元格的个数。

三、实验内容与实验步骤

◆ 创建一个学生成绩表，计算每位同学的期评成绩、各分数段人数和各分数段百分比。

（1）启动 Excel 2010，单击快速访问工具栏上的“保存”命令，将默认创建的“工作簿 1”另存为“实验 B 组成绩表.xlsx”，输入如图 6-25 所示的数据。

（2）单击要输入公式的单元格区 F3，输入公式“=C3*0.2+D3*0.3+E3*0.5”，按回车键确认，得出第一位同学的期评成绩。

（3）向下拖动 F3 单元格填充柄复制公式，求出 F4 到 F11 单元格的所有值，如图 6-26 所示。

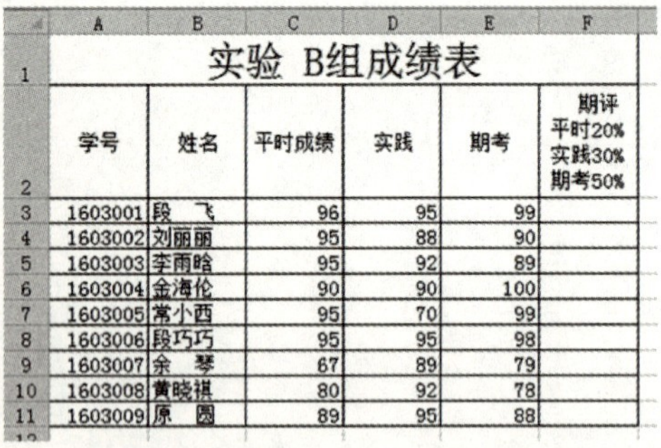

实验 B组成绩表

学号	姓名	平时成绩	实践	期考	期评 平时20% 实践30% 期考50%
1603001	段　飞	96	95	99	
1603002	刘丽丽	95	88	90	
1603003	李雨晗	95	92	89	
1603004	金海伦	90	90	100	
1603005	常小西	95	70	99	
1603006	段巧巧	95	95	98	
1603007	余　琴	67	89	79	
1603008	黄晓祺	80	92	78	
1603009	原　圆	89	95	88	

图 6-25　实验 B 组成绩表数据样例

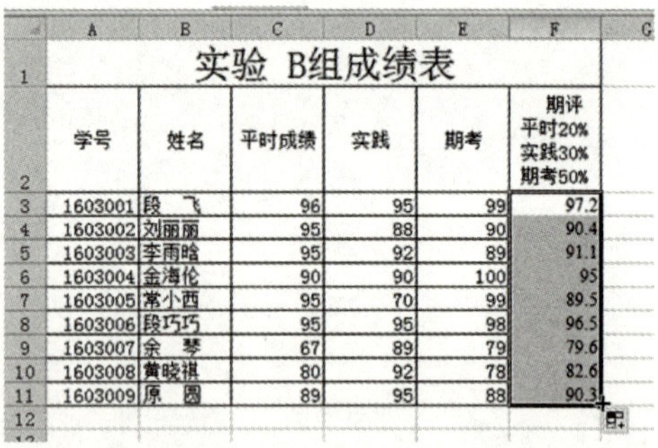

实验 B组成绩表

学号	姓名	平时成绩	实践	期考	期评 平时20% 实践30% 期考50%
1603001	段　飞	96	95	99	97.2
1603002	刘丽丽	95	88	90	90.4
1603003	李雨晗	95	92	89	91.1
1603004	金海伦	90	90	100	95
1603005	常小西	95	70	99	89.5
1603006	段巧巧	95	95	98	96.5
1603007	余　琴	67	89	79	79.6
1603008	黄晓祺	80	92	78	82.6
1603009	原　圆	89	95	88	90.3

图 6-26　复制公式求出期评成绩

（4）在单元格 A15，A16，A17，A18，A19 中，分别输入“<60 分”，“60～70 分”，“70～80 分”，“80～90 分”，“90～100 分”。

（5）单击 B15 单元格，输入公式=COUNTIF（F3:F20，"<60"），按回车键确认，求出低于 60 分的学生的人数。

（6）在单元格 B16、B17、B18、B19 单元格中分别输入下列公式，得出 60～70 分、70～80 分、80～90 分、90～100 分各分段的学生人数。

=COUNTIF(F3:F11, " >=60 ")-COUNTIF(F3:F11, " >=70 ")
=COUNTIF(F3:F11, " >=70 ")-COUNTIF(F3:F11, " >=80 ")
=COUNTIF(F3:F11, " >=80 ")-COUNTIF(F3:F11, " >=90 ")
=COUNTIF(F3:F11, " >=90 ")

（7） 将光标定位于单元格 C15，输入公式"=B15/COUNT（$F$3:$F$11），按回车键，得到低于 60 分分段人数的百分比。（如果数值不以百分比显示，可在"开始"选项卡"数字"组的"数字格式"下拉列表框中选择"百分比"。）

（8） 向下拖动 C15 单元格填充柄复制公式，在 C15 到 C19 单元格中分别求出 60~70 分、70~80 分、80~90 分、90~100 分各分段人数的百分比。最终结果如图 6-27 所示。

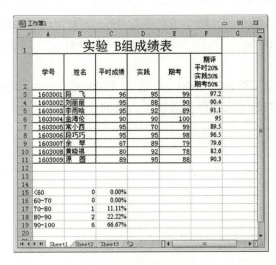

图 6-27　求出计数结果

四、实验任务

◆　打开以前保存的"市场部 17 年销售计划.xlsx"工作簿，统计年销售总量超过 500 000 和低于 100 000 的商品种类和所占百分比。

◆　打开以前保存的"成绩表.xlsx"，统计各科 60~70 分、70~80 分、80~90 分、90 分以上各分段的学生人数和所占百分比。

实 验 报 告

课程：　　　　　　　　　　　　　　　　实验题目：公式与计数（条件计数）函数的运用

姓名		班级		组（机）号		时间	

实验目的： 1. 了解计数函数。
　　　　　　2. 掌握计数函数的使用。

实验要求： 1. 打开以前保存的"职工工资表"，统计实发工资在 2000 元以上、实发工资不足 1500 元、实发工资在 1500 元到 2000 元之间这 3 个工资段的职工人数。
　　　　　　2. 统计实发工资超过 2000 元、不足 1500 元、1500 元到 2000 元之间这 3 个工资段的职工人数所占总职工人数的百分比。

实验内容与步骤：

实验分析：

实验指导教师		成　绩	

第五部分 数据的排序与分类汇总

一、实验目的

（1）掌握在 Excel 中进行数据排序的方法。
（2）掌握分类汇总的操作方法。

二、实验要点

◆ 数据的排序。

排序是将一列数据作为关键字按一定的顺序进行排列，分为升序和降序。单击"数据"选项卡"排序和筛选"组中的"升序"或"降序"按钮即可对数据进行排序。

◆ 排序规则。

（1）数字：升序排序时，数字按从最小的负数到最大的正数进行排序，降序反之。
（2）日期：升序排序时，日期按从最早的日期到最晚的日期进行排序，降序反之。
（3）文本：升序排序时，文本以及包含存储为文本的数字的文本按图 6-28 所示的顺序排序，降序反之。

```
:0123456789（空格）!"#$%&（）*，./:;?@[\]^
_`{|}~+<=>ABCDEFGHIJKLMNOPQRSTUVWXYZ
```

图 6-28 文本数据的升序排序规则

◆ 分类汇总。

在分类汇总之前，必须将数据清单按照分类汇总的数据列进行排序。单击"数据"选项卡"分级显示"组中的"分类汇总"按钮即可对排序后的数据进行分类汇总。

三、实验内容与实验步骤

◆ 创建一个新工作簿，将"素材\表格素材\学生成绩表.xlsx"工作簿中的期中考试成绩复制到新工作簿中，另存为"学生成绩表 A.xlsx"，按平均成绩由高到低降序排序。

（1）打开"素材\表格素材\学生成绩表.xlsx"工作簿，选择"文件"|"新建"命令创建一个新工作簿。

（2）在"学生成绩表"工作簿的"Sheet1"工作表中拖动鼠标选中 A1:G10 单元格区域，按 Ctrl+C 组合键复制。

（3）切换到新建的空白工作簿中，鼠标单击当前工作表的 A1 单元格，按 Ctrl+V 组合键将复制区域粘贴到新工作簿中。

（4）选中 A2:G10 单元格区域，单击"开始"选项卡"编辑"组中的"排序和筛选"按钮，从弹出菜单中选择"自定义排序"命令，弹出"排序"对话框，在"主要关键字"下拉列表框中选择"平均成绩"，在"次序"下拉列表框中选择排序顺序为"降序"，单击"确定"按钮完成排序，如图 6-29 所示。

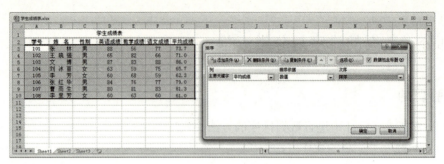

图 6-29　按平均成绩降序排序

◆ 撤销"学生成绩表 A.xlsx"工作簿中表格的排序,然后按性别和平均成绩进行多重排序。

（1） 在"学生成绩表 A.xlsx"工作簿中单击快速访问工具栏上的"撤销"按钮,撤销刚才的排序。

（2） 选中 A2:G10 单元格区域,打开"排序"对话框中,在"主要关键字"列表中选择"性别",在"次序"列表中选择"降序"。

（3） 单击"添加条件"按钮,添加一个排序条件,在"次要关键字"列表框中选择"平均成绩",在排序顺序中选择"降序",单击"确定"按钮,完成以"性别"为"主要关键字","平均成绩"为"次要关键字"的双重排序操作,如图 6-30 所示。

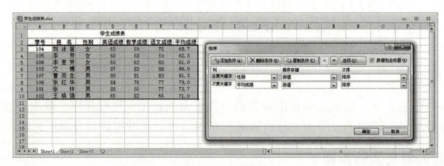

图 6-30　多重排序

◆ 为"学生成绩表"进行分类汇总,显示总计结果和男女分类计数结果。查看结果后删除分类汇总结果。

（1） 打开"学生成绩表 A"工作簿,将光标定位于"平均成绩"列中,单击"数据"选项卡"排序和筛选"组中的"降序"按钮,使数据清单按平均成绩降序排列。

（2） 选中参与分类汇总的数据区域 B2:G10,单击"数据"选项卡上单击"分级显示"组中的"分类汇总"按钮,弹出"分类汇总"对话框,在"分类字段"列表框中选择"姓名",在"汇总方式"列表框中选择"计数",在"选定汇总项"列表框中选择"性别",并选中"替换当前分类汇总"和"汇总结果显示在数据下方"复选框,使其他数据处于有效状态,如图 6-31 所示。

（3） 单击"确定"按钮,完成按性别分类汇总的操作,

（4） 单击"二级分级显示"按钮,显示二级分类汇总结果,即显示总计结果和男女分类计数结果,如图 6-32 所示。

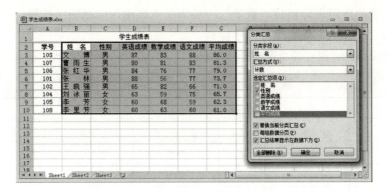

图 6-31 分类汇总

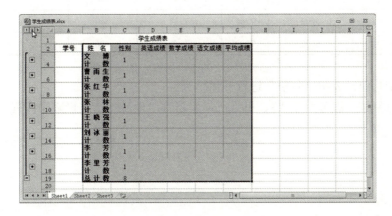

图 6-32 显示计数结果

（5）选择分类汇总数据所在的区域，即 B2:G10。然后打开"分类汇总"对话框，单击"全部删除"按钮，删除分类汇总。

四、实验任务

◆ 新建工作簿，保存为"表格排序 1.xlsx"，输入表 6-1 中的数据，按要求进行操作。

表 6-1 "表格排序 1.xlsx"工作簿的内容

学生成绩表					
姓 名	数 学	英 语	计 算 机	政 治	
何文	92	84	95	68	
彭浩	90	76	82	80	
王建国	94	80	88	76	
张雨平	85	94	88	78	
刘丽	87	78	79	74	
黄帅	96	82	97	70	
马岩	84	70	79	81	

（1）将学生成绩表分别按"数学"、"英语"、"政治"成绩降序排列。
（2）对"计算机"成绩进行升序排列。

◆ 新建工作簿，保存为"表格排序2.xlsx"，输入表6-2中的数据，按要求进行操作。

表6-2 "表格排序2.xlsx"工作簿的内容

某公司下半年销售统计					
月 份	服 务 器	PC机	显 示 器	电 源	总 计
七月	4769	6266	5894	520	
八月	4030	5589	5000	369	
九月	4441	7000	5450	500	
十月	4805	7296	6689	580	
十一月	5692	7765	7234	540	
十二月	6000	7302	7850	486	

（1）销售统计表按"月份"进行升序排列。
（2）分别按"服务器"、"PC机"、"显示器"、"电源"销售量降序排列。

第六部分　数据的筛选

一、实验目的

（1）掌握自动筛选的方法。
（2）掌握自定义筛选的方法。
（3）掌握高级筛选的方法。

二、实验要点

◆ 自动筛选。
单击"数据"选项卡"排序和筛选"组中的"筛选"按钮，在数据清单顶部单元格中即会出现下拉按钮，单击该按钮即可选择筛选条件。

◆ 高级筛选。
当需要利用复杂的条件来筛选数据时，就需要使用高级筛选。高级筛选的筛选条件必须放在数据清单之外，一般建立在数据清单的上方或下方，单击"数据"选项卡"排序和筛选"组中的"高级"按钮即可设置高级筛选条件。

三、实验内容与实验步骤

◆ 打开"素材\表格素材\考试报名表.xlsx"工作簿，使用 Ecxel 的自动筛选功能筛选出需要退 15 元钱的人员名单。

（1）打开"考试报名表"工作簿，在数据区域中单击。
（2）单击"数据"选项卡"排序与筛选"组中的"筛选"按钮，数据清单顶部的单元格右侧显示下拉按钮，单击"备注"列的下拉按钮，从弹出列表中单击"全选"选项，清除对所有筛选条件的选择，然后选中"退 15 元"选项，如图 6-33 所示。

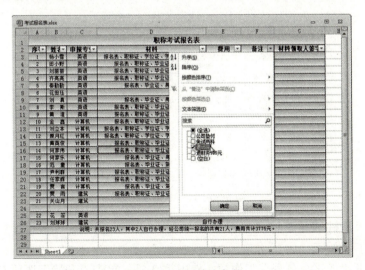

图 6-33　选择筛选条件

(3) 单击"确定"按钮完成筛选，如图6-34所示。

图6-34　自动筛选结果

◆　打开"素材\表格素材\学生成绩表.xlsx"工作簿，筛选平均成绩介于60分到80分之间学生名单。

（1）打开"学生成绩表"工作簿，在数据区域中单击。

（2）单击"数据"选项卡"排序与筛选"组中的"筛选"按钮，然后单击出现在"平均成绩"列的下拉按钮，从弹出列表中单击"数字筛选"｜"自定义筛选"命令，弹出"自定义筛选"对话框，指定筛选条件为大于或等于60与小于或等于80，如图6-35所示。

图6-35　自定义筛选条件

（3）单击"确定"按钮完成筛选，结果如图6-36所示。

图6-36　自定义筛选结果

◆　打开"素材\表格素材\考试报名表.xlsx"工作簿，筛选需要进行计算机考试且需要退15元费用的人员。

（1）打开"考试报名表"工作簿，选中第3行，单击"开始"选项卡"单元格"组中的"插入"按钮,从弹出菜单中选择"插入行"命令,插入 3 个空行。

(2) 在"申报专业"列标题下方的空单元格中输入"计算机",在"备注"列标题下方的空单元格中输入"退 15 元",建立条件区域,如图 6-37 所示。

图 6-37 建立条件区域

(3) 选中 A2:G23 单元格区域,单击"数据"选项卡"排序和筛选"组中的"高级"按钮,弹出"高级筛选"对话框,"列表区域"文本框被自动填充,如图 6-38 所示。

图 6-38 "高级筛选"对话框

(4) 单击"条件区域"右侧的折叠按钮,折叠对话框,在工作表中选中 A2:F3 单元格区域。

(5) 再次单击"条件区域"右侧的折叠按钮,展开对话框,单击"确定"按钮,完成高级条件筛选,结果如图 6-39 所示。

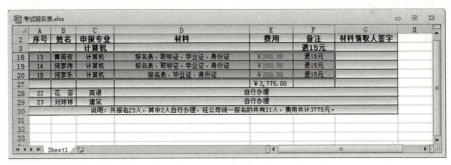

图 6-39 高级筛选结果

四、实验任务

◆ 打开"表格排序 1.xlsx"工作簿,筛选数学成绩在 85～95 分之间、英语成绩在 75～85 分之间、计算机成绩在 85～95 分之间、政治成绩在 70～80 分之间的学生。

◆ 打开"表格排序 2.xlsx"工作簿,筛选服务器在 4 500～5 500 元之间、PC 机在 6 500～7 500 元之间、显示器在 5 500～7 500 分之间、电源在 450～550 元之间的销售量。

实 验 报 告（实验1）

课程：   实验题目：**数据的筛选**

姓名		班级		组（机）号		时间	
实验目的：	1. 掌握数据列表的排序。 2. 掌握数据列表的筛选。 3. 掌握数据的分类汇总。						
实验要求：	1. 新建一个工作簿，保存为"图书.xlsx"，其内容如图 6-40 所示。 2. 按数量对图书进行降序排列。 3. 筛选单价在 20～35 元之间的图书（包含等于 20 元或等于 35 元的图书），如图 6-41 所示。 4. 按类别进行分类汇总，统计出每种类别图书的数量和总额，结果如图 6-42 所示。						
实验内容与步骤：							
实验分析：							
实验指导教师				成 绩			

图书名称	类别	单价	数量	总价
红楼梦	小说	20.8	38	790.4
唐诗鉴赏	诗词	35	50	1750
西游记	小说	18.5	26	4810
宋词鉴赏	诗词	22	13	286
VB 详解	教材	41	36	1476

图 6-40　工作簿 4.xlsx 文件的内容

	A	B	C	D	E
1	图书名称	类别	单价	数量	总价
2	红楼梦	小说	20.8	38	790.4
4	唐诗鉴赏	诗词	35	50	1750
5	宋词鉴赏	诗词	22	13	286
7					

图 6-41　筛选总结果

	A	B	C	D	E
1	图书名称	类别	单价	数量	总价
2	红楼梦	小说	20.8	38	790.4
3	西游记	小说	18.5	26	4810
4	小说 计数	2			
5	唐诗鉴赏	诗词	35	50	1750
6	宋词鉴赏	诗词	22	13	286
7	诗词 计数	2			
8	VB详解	教材	41	36	1476
9	教材 计数	1			
10	总计数	5			
11					

图 6-42　分类汇总结果

实 验 报 告（实验2）

课程：　　　　　　　　　　　　　　　　　　　　　　　实验题目：**数据的筛选**

姓名		班级		组（机）号		时间	
实验目的：	1. 掌握数据列表的排序。 2. 掌握数据列表的筛选。 3. 掌握数据的分类汇总。						
实验要求：	1. 打开"素材\表格素材\工作簿5"文件。 2. 按数量对总计进行降序排列，如图6-43所示。 3. 筛选部门是销售部1的数据，如图6-44所示。 4. 按类别进行分类汇总，统计出每种类别的数量，结果如图6-45所示。						
实验内容与步骤：							
实验分析：							
实验指导教师				成　绩			

科技公司个人2月销售统计表

序号	姓名	部门	电脑	主板	音箱	总计
5	陈东	销售部1	55	67	33	155
6	李明明	销售部3	20	76	35	131
4	吴小小	销售部1	40	55	25	120
2	李晓	销售部2	37	50	20	107
8	兰苹	销售部1	34	50	20	104
1	陈成	销售部1	30	60	10	100
3	覃丽	销售部3	25	45	30	100
7	韦真真	销售部3	14	30	40	84

图 6-43　排序结果

科技公司个人2月销售统计表

序号	姓名	部门	电脑	主板	音箱	总计
5	陈东	销售部1	55	67	33	155
4	吴小小	销售部1	40	55	25	120
8	兰苹	销售部1	34	50	20	104
1	陈成	销售部1	30	60	10	100

图 6-44　筛选结果

科技公司个人2月销售统计表

序号	姓名	部门	电脑	主板	音箱	总计
5	陈东	销售部1	55	67	33	155
4	吴小小	销售部1	40	55	25	120
8	兰苹	销售部1	34	50	20	104
1	陈成	销售部1	30	60	10	100
	销售部1 汇总		0	159	232	88	479
2	李晓	销售部2	37	50	20	107
	销售部2 汇总		0	37	50	20	107
6	李明明	销售部3	20	76	35	131
3	覃丽	销售部3	25	45	30	100
7	韦真真	销售部3	14	30	40	84
	销售部3 汇总		0	59	151	105	315
	总计		0	255	433	213	901

图 6-45　分类汇总结果

第七部分　图表的应用

一、实验目的

（1）掌握图表的制作方法。
（2）掌握图表的修改与编辑方法。

二、实验要点

◆ 创建图表。
使用"插入"选项卡"图表"组中的工具可快速创建图表。
◆ 格式化图表。
在图表的选中状态下，可使用图表工具的"格式"选项卡来更改图表的外观、颜色、数据格式等。

三、实验内容与实验步骤

◆ 打开"实验 A 组成绩表.xlsx"工作簿，创建学生总成绩分析图表，并设置图表格式。

（1）打开以前创建的"实验 A 组成绩表.xlsx"工作簿，先选中 A2:A4 单元格区域，然后按住 Ctrl 键，再选中 G2:G14 单元格区域，同时选中这两个单元格区域。

（2）单击"插入"选项卡"图表"组中的"柱形图"按钮，从弹出列表中选择"簇状圆柱形"图标，生成学生总成绩的柱状图表，如图 6-46 所示。

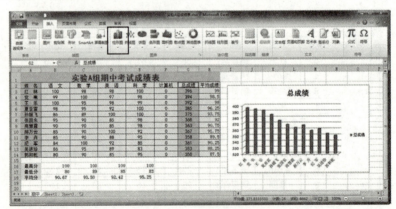

图 6-46　生成图表

（3）选中图表，在"设计"选项卡"图表样式"组的列表框中选择"样式 40"。
（4）选中图表，在"设计"选项卡"图表布局"组的列表框中选择"布局 5"。结果如图 6-47 所示。
（5）单击选择图表左侧的"坐标轴标题"文本框，按 Del 键将其删除。最终结果如图 6-48 所示。

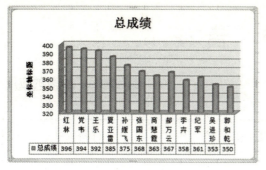

图 6-47 更改图表的样式和布局

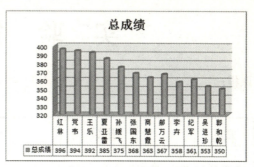

图 6-48 图表的最终效果

四、实验任务

◆ 根据图 6-49 所示的表格数据 1 的内容创建一个工作表,生成圆环图类型中的分离形圆环图,然后切换行列数据,得到如图 6-50 所示的图表。

账 目	预计支出	调配拨款	差 额
110	199000	180000	
120	73000	66000	
140	20500	18500	
201	3900	4300	
311	4500	4250	

图 6-49 表格数据 1

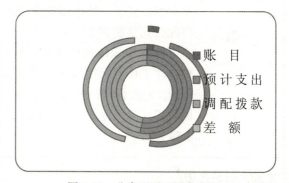

图 6-50 分离形圆环图表示例

◆ 根据图 6-51 所示的表格数据 2 的内容创建一个工作表,将工作表标签改名为"利润表",根据利润表生成图表,图表类型为数据点折线图,并添加图表标题,如图 6-52 所示。

	1994 年	1995 年	1996 年
彩电	2345000	3000000	3330000
冰箱	2768000	2900000	3200000
录象机	1328000	1600000	2000000
音响	1868000	2100000	2400000
洗衣机	1584000	1800000	2200000
总计			

图 6-51 表格数据 2

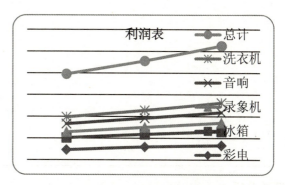

图 6-52 利润表产生的图表

实 验 报 告（实验1）

课程：　　　　　　　　　　　　　　　　　　　　实验题目：<u>图表的应用</u>

姓名		班级		组（机）号		时间	

实验目的： 1. 掌握嵌入图表和独立图表的创建。
2. 掌握图表的整体编辑和对图表中各对象的编辑。
3. 掌握图表的格式化。

实验要求： 1. 根据图6-53所示的数据创建一个工作表Sheet1，录入相应内容，绘制边框线，默认行距、行高，文字设置水平居中，在F2单元格处输入公式，计算春季、夏季、秋季和冬季销售的和，即分公司四个季度总的销售量，并将此公式复制到F3、F4、F5单元格处。
2. 将工作表Sheet1的内容复制到工作表Sheet2中，设置行高为25，列宽为12，将工作表标签Sheet2改名为"锐意公司销售统计表"。
3. 根据"锐意公司销售统计表"内容生成相应图表，图表类型为簇状柱形图，图表样式为"样式18"，布局1，输入标题"锐意公司销售统计表"，如图6-54所示。

实验内容与步骤：

实验分析：

实验指导教师			成　绩	

锐意公司销售统计表

分公司	春季	夏季	秋季	冬季	总计
深圳	20	25	30	20	
成都	15	20	25	25	
杭州	35	30	36	25	
厦门	40	35	20	30	

图 6-53　锐意公司销售统计表

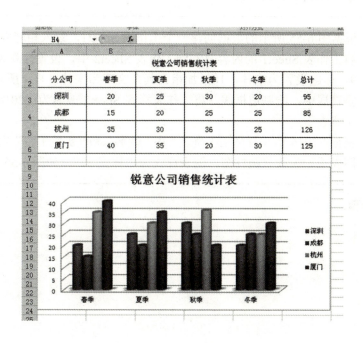

图 6-54　锐意公司销售统计表　样图

实 验 报 告（实验2）

课程：　　　　　　　　　　　　　　　　　　　　　　实验题目：**图表的应用**

姓名		班级		组（机）号		时间	

实验目的：	1. 掌握嵌入图表和独立图表的创建。 2. 掌握图表的整体编辑和对图表中各对象的编辑。 3. 掌握图表的格式化。
实验要求：	1. 根据图6-55所示的数据创建一个工作表Sheet1，录入相应内容。 2. 将工作表Sheet1的内容复制到工作表Sheet2中，设置行高为25，列宽为9，标题设置为宋体，18，加粗；其余文字为宋体，11；所有文字水平和垂直居中，绘制边框线，将工作表标签Sheet2改名为"2016年8月员工工资表"。 3. 根据"2016年8月员工工资表"内"姓名"和"实发工资"生成相应图表，图表类型为簇状圆柱图，图表样式为"样式37"，如图6-56所示。
实验内容与步骤：	
实验分析：	
实验指导教师		成　绩	

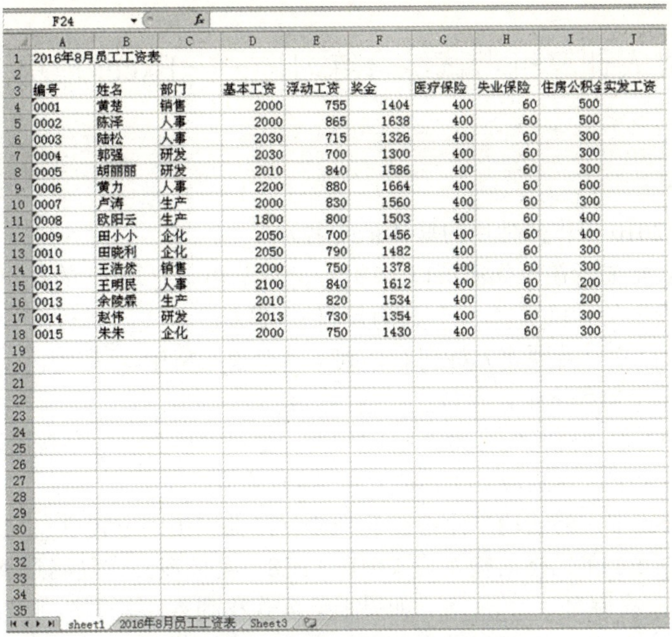

	A	B	C	D	E	F	G	H	I	J
1	2016年8月员工工资表									
2										
3	编号	姓名	部门	基本工资	浮动工资	奖金	医疗保险	失业保险	住房公积金	实发工资
4	0001	黄楚	销售	2000	755	1404	400	60	500	
5	0002	陈泽	人事	2000	865	1638	400	60	500	
6	0003	陆松	人事	2030	715	1326	400	60	300	
7	0004	郭强	研发	2030	700	1300	400	60	300	
8	0005	胡丽丽	研发	2010	840	1586	400	60	300	
9	0006	黄力	人事	2200	880	1664	400	60	600	
10	0007	卢涛	生产	2000	830	1560	400	60	300	
11	0008	欧阳云	生产	1800	800	1503	400	60	400	
12	0009	田小小	企化	2050	700	1456	400	60	400	
13	0010	田晓利	企化	2050	790	1482	400	60	300	
14	0011	王浩然	销售	2000	750	1378	400	60	300	
15	0012	王明民	人事	2100	840	1612	400	60	200	
16	0013	余陵霖	生产	2010	820	1534	400	60	200	
17	0014	赵伟	研发	2013	730	1354	400	60	300	
18	0015	朱朱	企化	2000	750	1430	400	60	300	

图 6-55　2016 年 8 月员工工资表

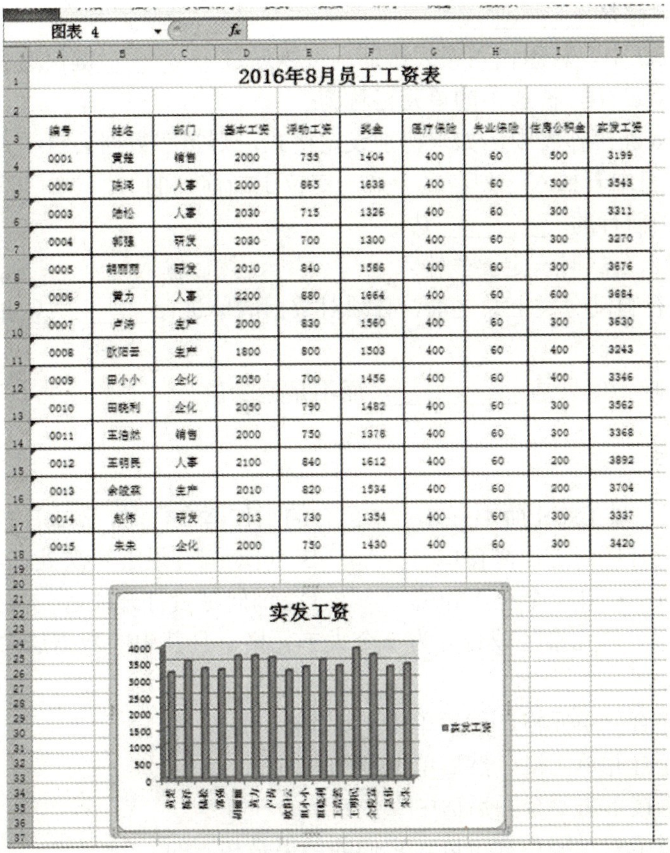

编号	姓名	部门	基本工资	浮动工资	奖金	医疗保险	失业保险	住房公积金	实发工资
0001	黄楚	销售	2000	755	1404	400	60	500	3199
0002	陈泽	人事	2000	865	1638	400	60	500	3543
0003	陆松	人事	2030	715	1326	400	60	300	3311
0004	郭强	研发	2030	700	1300	400	60	300	3270
0005	胡丽丽	研发	2010	840	1586	400	60	300	3676
0006	黄力	人事	2200	880	1664	400	60	600	3684
0007	卢涛	生产	2000	830	1560	400	60	300	3630
0008	欧阳云	生产	1800	800	1503	400	60	400	3243
0009	田小小	企化	2050	700	1456	400	60	400	3346
0010	田晓利	企化	2050	790	1482	400	60	300	3562
0011	王浩然	销售	2000	750	1378	400	60	300	3368
0012	王明民	人事	2100	840	1612	400	60	200	3892
0013	余陵霖	生产	2010	820	1534	400	60	200	3704
0014	赵伟	研发	2013	730	1354	400	60	300	3337
0015	朱朱	企化	2000	750	1430	400	60	300	3420

图 6-56　实发工资图表

第八部分　成人计算机考试综合练习题——Excel 模块

一、填空题

（1）Excel 2010 工作簿使用的默认扩展名为_____。

（2）工作表是显示在工作簿窗口中的_____，由_____的行和列组成。

（3）工作表中的行以_____进行编号，列以_____进行编号。

（4）在 Excel 中，若要将光标向右移到下一个单元格中，可按_____键；若要将光标向下移到下一个单元格中，可按_____键。

（5）如果 A1 单元格的内容为"＝A3*2"，A2 单元格为一个字符串，A3 单元格为数值 22，A4 单元格为空，则函数 COUNT（A1:A4）的值是_____。

（6）在 Excel 中，若活动单元格在 F 列 4 行，其引用的位置以_____表示。

（7）假设在 E6 单元格内输入公式＝E3+$C8，再把该公式复制到 A5 单元格，则在 A5 单元格中的公式实际是_____；如果把该公式移到 A5 单元格，则在 A5 单元格的公式实际是_____。

（8）如果在工作表中已经填写了内容，现在需要在 D 列和 E 列之间插入 3 个空白列，首先要选取的列名称是_____。

（9）在 Excel 中，若想输入当天日期，可以通过_____键快速完成。

（10）在 Excel 中，被选中的单元格称为_____。

（11）在 Excel 工作表中，如未特别设定格式，则文字数据会自动_____对齐。

（12）工作表中若插入一列，这一列一定位于当前列的_____边；若插入一行，这一行一定位于当前行的_____边。

（13）在输入公式时一定要先输入_____，然后输入_____。

（14）在进行自动分类汇总之前，必须对数据清单进行_____，并且数据清单的第一行里必须_____。

（15）筛选唯一值只是_____，而不是删除值。

二、单项选择题

（1）当直接启动 Excel 而不打开一个已有的工作簿文件时，Excel 主窗口中（　　）。
　　　　A．没有任何工作簿窗口　　　　B．自动打开最近一次处理过的工作簿
　　　　C．自动打开一个空工作簿　　　D．询问是否打开最近一次处理的工作簿

（2）要使一个单元格区域合并为一个大单元格，且其中的数据居中对齐，应该执行的操作是（　　）。
　　　　A．先合并单元格，然后单击 ≡ 按钮
　　　　B．先合并单元格，然后单击 ≡ 按钮
　　　　C．直接单击"合并后居中"按钮
　　　　D．以上三种操作都可以，它们的结果是相同的

（3）如果一个工作簿中含有若干个工作表，在该工作簿的窗口中（　　）。

A. 只能显示其中一个工作表的内容
B. 只能同时显示其中 3 个工作表的内容
C. 能同时显示多个工作表的内容
D. 可同时显示内容的工作表数目由用户设定

(4) "视图"选项卡上的"新建窗口"按钮的功能是在主窗口中（   ）。
A. 新建一个文档窗口，在其中打开一个新的空工作簿
B. 新建一个文档窗口，在其中打开的仍是当前工作簿
C. 在当前文档窗口中关闭当前工作簿而打开一个新工作簿
D. 在当前文档窗口中为当前工作簿新建一个工作表

(5) 要删除一个选中的单元格及其中的数据，可执行以下操作（   ）。
A. 按 Del 键
B. 在"开始"选项卡上单击"单元格"组中的"删除"按钮
C. 在"开始"选项卡上单击"编辑"组中的"清除"按钮
D. 在"开始"选项卡上单击"剪贴板"组中的"剪切"按钮

(6) 在 Excel 中，所有数据的输入及计算都是通过（   ）来完成的。
A. 工作表　　　B. 活动单元格　　C. 文档　　　　D. 工作簿

(7) 在斜线表头输入文字时，按（   ）键可使文字在一个单元格中换为两行。
A. Enter　　　B. Shift+Enter　　C. Ctrl+ Enter　　D. Alt+ Enter

(8) Excel 中工作簿的默认名是（   ）。
A. Book1　　　B. Excel1　　　C. Sheet1　　　D. 工作簿 1

(9) Excel 中工作表的默认名是（   ）。
A. 工作簿 2　　B. Book3　　　C. Sheet4　　　D. Document3

(10) 在 Excel 中，不能在单元格中直接输入的常量类型是（   ）。
A. 字符型　　　B. 数值型　　　C. 备注型　　　D. 日期型

(11) 如果在工作表的 A5 单元格中存有数值 24.5，那么当在 B3 单元格中输入"=A5*3"后，默认情况下该单元格显示（   ）。
A. A53　　　　B. 73.5　　　　C. 3A5　　　　D. A5*3

(12) 在 C3 单元格中输入了数值 24，那么公式"=C3>=30"的值是（   ）。
A. 24　　　　　B. 30　　　　　C. -6　　　　　D. FALSE

(13) 在输入公式时，必须以（   ）作为开始。
A. 等于号　　　B. 数字　　　　C. 函数　　　　D. 运算符号

(14) 在对文本以及包含数字的文本按升序排序时，排在最后的是（   ）。
A. 数字　　　　B. 字符　　　　C. 文本　　　　D. 字母

(15) 要在多个单元格中填充相同的数据，可在输入数据后按（   ）组合键。
A. Alt+ Enter　　B. Shift+Enter　　C. Ctrl+ Enter　　D. Ctrl+Alt+ Enter

三、多项选择题

(1) Excel 2010 可对数据进行（   ）排序。
A. 按升序　　　　　　　　　　B. 按降序

　　　　C. 单个字段　　　　　　　　D. 多个字段
（2）Excel 2010 数据填充功能具有按（　　）序列方式填充数据功能。
　　　　A. 等差　　　　　　　　　　B. 等比
　　　　C. 日期　　　　　　　　　　D. 自定义序列
（3）Excel 的（　　）可以计算和存储数据。
　　　　A. 工作表　　　　　　　　　B. 工作簿
　　　　C. 工作区　　　　　　　　　D. 单元格
（4）在单元格中输完数据后，（　　）即可结束输入。
　　　　A. 按 Enter 键　　　　　　　B. 按 Tab 键
　　　　C. 在工作表的其他位置单击　D. 在活动单元格外任意位置单击
（5）在Excel 2010中排序的依据有（　　）。
　　　　A. 数据　　　　　　　　　　B. 单元格颜色
　　　　C. 字体颜色　　　　　　　　D. 单元格图标
（6）（　　）都是自动筛选。
　　　　A. 按列表值筛选　　　　　　B. 按格式筛选
　　　　C. 按条件筛选　　　　　　　D. 高级筛选
（7）保存工作簿正确的方法是（　　）。
　　　　A. 单击快速访问工具栏中的"保存"按钮
　　　　B. 选择 Office 菜单中的"保存"命令
　　　　C. 按 Ctrl＋S 组合键
　　　　D. 按 Ctrl＋N 组合键
（8）想要编辑单元格内的数据，可行的方法是（　　）。
　　　　A. 直接双击目标单元格　　　B. 按 F4 键
　　　　C. 直接用鼠标选中目标单元格　D. 选中目标单元格后再单击编辑栏
（9）字符型数据包括（　　）。
　　　　A. 汉字　　　　　　　　　　B. 英文字母
　　　　C. 数字　　　　　　　　　　D. 空格及键盘能输入的其他符号
（10）公式中使用的运算符包括（　　）。
　　　　A. 运算符　　　　　　　　　B. 数学
　　　　C. 比较　　　　　　　　　　D. 文字
　　　　E. 引用
（11）Excel 提供的函数包括（　　）函数等。
　　　　A. 日期与时间　　　　　　　B. 逻辑
　　　　C. 数据库工作表　　　　　　D. 财务
（12）单元格引用包括（　　）。
　　　　A. 相对引用　　　　　　　　B. 绝对引用
　　　　C. 混合引用　　　　　　　　D. 只有 A 和 B 两种
（13）Excel 2010 中可对数据清单中的数据进行（　　）等各种数据管理和统计的操作。

A. 排序 B. 筛选
C. 分类汇总 D. 有效性

(14) （　　）属于"单元格格式"对话框中的内容。
A. 数字 B. 字体
C. 保护 D. 对齐
E. 边框 F. 图案

(15) 在筛选操作中下列说法正确的是（　　）。
A. 筛选不能同时有两个条件 B. 筛选以后可以取消筛选标志
C. 自动筛选是筛选的一种 D. 高级筛选也是筛选的一种

四、判断题

(1) Excel 工作表的顺序和表名可由用户指定。（　　）

(2) 删除单元格的操作只能清除单元格中的信息，而不能清除单元格本身。（　　）

(3) 在 Excel 公式中可以对单元格或单元格区域进行引用。（　　）

(4) "分类汇总"指将表格的数据按照某一个字段的值进行分类，再按这些类别求和，求平均值等。（　　）

(5) Excel 2010 的图表建立有两种方式：在原工作表中嵌入图表；在新工作表中生成图表。（　　）

(6) 任一时刻所操作的单元称为当前单元格，又叫活动单元格。（　　）

(7) 默认情况下新建的工作簿中只包含 3 个工作表，可以在"Excel 选项"对话框中更改工作簿中所包含的工作表数。（　　）

(8) 如果要删除某个区域的内容，可以先选定要删除的区域，然后按 Delete 键或 Backspace 键。（　　）

(9) 默认情况下，工作表以 Sheet1、Sheet2 和 Sheet3 命名，且不能改名。（　　）

(10) 按 Ctrl+S 组合键可以保存工作簿。（　　）

(11) 在某单元格中单击即可选中此单元格，被选中的单元格边框以黑色粗线条突出显示，且行、列号以高亮显示。（　　）

(12) 数值型数据只能进行加、减、乘、除和乘方运算。（　　）

(13) 执行"粘贴"操作时，只能粘贴单元格的数据，不能粘贴格式、公式和批注等其他信息。（　　）

(14) Excel 2007 工作表的基本组成单位是单元格，用户可以向单元格中输入数据、文本、公式，还可以插入小型图片等。（　　）

(15) 在 Excel 中进行筛选时，第二次筛选将在第一次筛选的基础上进行，而不是在全部数据中进行筛选。（　　）

模块七　演示文稿 PowerPoint 2010 实验

第一部分　创建演示文稿

一、实验目的

（1）掌握在 PowerPoint 2010 中创建新演示文稿的方法。
（2）掌握文本编辑的基本操作。
（3）掌握在占位符中插入内容的方法。
（4）掌握设置演示文稿主题、应用幻灯片版式和在演示文稿中新建幻灯片的方法。

二、实验要点

◆ 创建新演示文稿。
选择"文件"｜"新建"命令，在打开的页面中选择模板，然后单击"创建"按钮。
◆ 在占位符中输入文本。
在幻灯片中的文本占位符中单击，直接输入文字。
◆ 插入图片。
在幻灯片中的内容占位符中单击"插入来自文件的图片"按钮，从弹出的"插入图片"对话框中选择图片文件，单击"插入"按钮。
◆ 设置幻灯片版式。
单击"开始"选项卡"幻灯片"组中的"版式"按钮，从弹出菜单中选择版式。
◆ 幻灯片主题应用。
在"设计"选项卡"主题"组中的样式列表中选择主题方案。

三、实验内容与实验步骤

◆ 启动 PowerPoint 2010，制作一个包含 3 张不同版式的幻灯片的演示文稿，幻灯片中要包含文本、图片，并应用主题方案。
（1）启动 PowerPoint 2010，默认创建一个空白演示文稿。
（2）在"设计"选项卡"主题"组中打开主题样式列表框，选择"波形"。
（3）单击标题占位符，输入"祖国风光"，单击副标题占位符，输入"故宫"。
（4）选择输入的文本，使用"开始"选项卡"文本"组中的工具将其设置为标题字号 80，副标题字号 32，如图 7-1 所示。
（5）单击"开始"选项卡"幻灯片"组中的"新建幻灯片"按钮下方的小三角形，从弹出菜单中选择"两栏内容"图标，插入一张两栏内容版式的新幻灯片。
（6）单击标题文本占位符，输入"故宫简介"。
（7）单击右侧内容占位符中的文字提示，输入"故宫，世界文化遗产，旧称紫禁城，是中国明清两代 24 位皇帝的皇宫。古北京城中轴线的中心，世界现存最大最完整的木质结构的古建筑群，世界五大宫殿之首，5A 景区。"

（8）单击左侧内容占位符中的"插入来自文件的图片"按钮，从弹出对话框中选择"素材\图片素材\故宫.jpg"，单击"插入"按钮插入图片，如图 7-2 所示。

图 7-1　第一张幻灯片

图 7-2　第二张幻灯片

（9）选择图片，单击"格式"选项卡"大小"组中的"裁剪"按钮，图片四周出现裁剪框，将鼠标指针放在图片上边框的控制柄上，光标变成⊥形状时向下拖动，去掉图片中不需要的部分，如图 7-3 所示。在图片外任意点单击完成裁剪。

（10）选择图片，按键盘上的上箭头键向上移动图片到合适位置。

（11）插入一张空白版式的新幻灯片，选择"插入"选项组"文本"组中的"文本框"按钮，从弹出菜单中选择"横排文本框"命令，然后在新幻灯片中拖动鼠标绘制一个文本框，在其中输入"欢迎您到故宫来！"。

（12）选中文本框，单击"格式"选项卡"排列"组中的"对齐"按钮，在弹出菜单中选择"左右居中"和"上下居中"命令，使文本框相对于幻灯片左右居中和上下居中。

（13）选中文本框中的文本，单击"开始"选项卡"段落"组中的"居中"按钮，使文本相对于文本框居中对齐。

（14）使用"开始"选项卡"字体"组中的工具将文本框中的文本设置为 60 磅，使用"格式"选项卡"艺术字样式"组中的工具为文本应用艺术字样式"填充-蓝色，强调文字颜色 1，塑料棱台，映像"。最终效果如图 7-4 所示。

图 7-3　裁剪图片

图 7-4　演示文稿示例

四、实验任务

◆ 新建一个名为"年终总结"的演示文稿文件,插入 3 张幻灯片,得到一个包含 4 张幻灯片的演示文稿,然后进行以下操作:

(1) 在各幻灯片中输入标题文字,设置其艺术字样式为"填充-白色,渐变轮廓-强调文字颜色 1"。

(2) 在第 2 张幻灯片中输入一级文本,在第 3 张幻灯片中插入表格,在第 4 张幻灯片中插入组织结构图。

(3) 应用"平衡"主题。

演示文稿样板如图 7-5 所示。

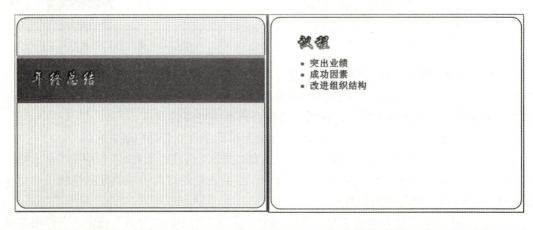

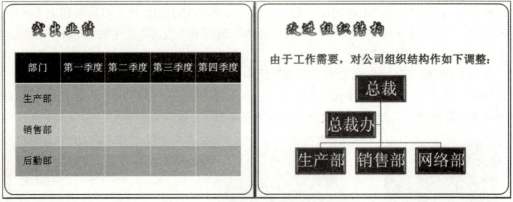

图 7-5　演示文稿样例

第二部分　演示文稿的基本操作

一、实验目的

（1）了解 PowerPoint 2010 的视图模式。
（2）掌握幻灯片的浏览和放映方法。

二、实验要点

◆ PowerPoint 2010 的视图模式。
（1）普通视图：幻灯片的默认视图，也是编辑幻灯片的主要视图。
（2）幻灯片浏览视图：显示当前文件中的所有幻灯片缩略图，方便对幻灯片进行整体操作。
（3）阅读视图：主要用于浏览各张幻灯片的内容。
（4）幻灯片放映视图：整屏显示幻灯片内容，主要用于预览幻灯片放映效果。

◆ 插入新幻灯片，两种方法。
（1）单击"开始"选项卡"幻灯片"组中的"新建幻灯片"按钮，从弹出菜单中选择所需版式结构的幻灯片。
（2）在"幻灯片/大纲"窗格中选择一张幻灯片缩略图，然后按 Enter 键插入一张相同版式的幻灯片。

◆ 选择幻灯片。
（1）选择一张：在"幻灯片/大纲"窗格中单击一张幻灯片。
（2）选择连续的多张：在"幻灯片/大纲"窗格中单击第一张，然后按住 Shift 键不放，单击最后一张幻灯片。
（3）选择不连续的多张：在"幻灯片/大纲"窗格中单击第一张，然后按住 Ctrl 键不放，依次选择其余的幻灯片。
（4）选择全部：按 Ctrl+A 组合键。

◆ 幻灯片的删除、移动和复制。
（1）删除幻灯片：在"幻灯片/大纲"窗格中选择本要删除的幻灯片，按 Delete 键。
（2）移动幻灯片：在"幻灯片/大纲"窗格中拖动幻灯片到需要的位置。
（3）复制幻灯片：在"幻灯片/大纲"窗格中按住 Ctrl 键拖动幻灯片。

三、实验内容与实验步骤

◆ 创建一个空白演示文稿，保存为"年终总结.pptx"，应用主题方案，并插入 3 张不同版式的新幻灯片，幻灯片中要包含文本、图片，然后浏览演示文稿，并播放幻灯片。
（1）在 PowerPoint 2010 中选择"文件"｜"新建"命令，创建一个空白演示文稿。
（2）在"设计"选项卡"主题"组中打开主题样式列表框，选择"波形"。
（3）在标题幻灯片中输入演示文稿的标题"收获"和副标题"2016 年终总结"，并将标题文本设置为 60 磅，副标题设置为 32 磅。

（4）插入一张"比较"版式的新幻灯片，单击标题占位符边框将其选中，按 Del 键删除标题占位符，然后按住 Shift 键，依次单击幻灯片中所有占位符的边框，选择所有占位符，按键盘上的上箭头键将其移动到合适位置。

（5）在左侧的副标题文本框中输入"校内成绩"，在右侧的副标题文本框中输入"校外成绩"，将它们设置为 32 磅大小。

（6）在两个内容占位符中输入相关文字，单击"插入"选项卡"图像"组中的"剪贴画"按钮，显示剪贴画窗格，搜索"学习"，然后选择想要的剪贴画，单击插入，如图 7-6 所示。

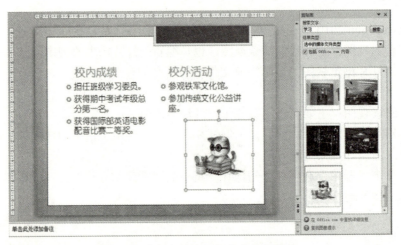

图 7-6　在幻灯片中添加文字和剪贴画

（7）插入一张"标题和内容"版式的新幻灯片，在标题占位符中输入"2017 目标"，在内容占位符中输入相关文字；搜索"花"剪贴画，在幻灯片中插入一幅花的剪贴画，调整大小和位置，如图 7-7 所示。

（8）插入一张标题版式的新幻灯片，向下移动标题占位符到合适位置，然后在其中输入"谢谢观赏"，并将其设置为 60 磅大小，应用艺术字样式"填充-绿色，强调文字颜色 1，金属棱台，映像"，如图 7-8 所示。

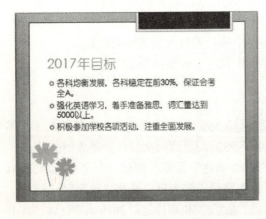

图 7-7　第三张幻灯片效果　　　　　　图 7-8　第四张幻灯片效果

（9）单击状态栏上的"幻灯片浏览"按钮切换到幻灯片浏览视图查看演示文稿的整体效果，如图 7-9 所示。

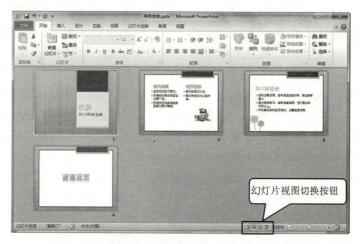

图 7-9　幻灯片浏览视图

（10）在幻灯片浏览视图中单击第一张幻灯片，再单击状态栏上的"幻灯片放映"按钮播放预览幻灯片，如图 7-10 所示。

图 7-10　幻灯片放映视图

（11）在幻灯片放映过程中单击鼠标可切换幻灯片，按 Esc 键可中途退出幻灯片放映。
（12）单击快速访问工具栏上的"保存"按钮，将演示文稿保存为"年终总结.pptx"。

四、实验任务

◆ 新建一个演示文稿，命名为"人与自然"，应用"时装设计"主题，制作一个包含4 张幻灯片的演示文稿，各幻灯片中内容分别如下：

（1）第一张幻灯片："标题幻灯片"版式，标题文本为"人与自然"，副标题文本为"保护环境　刻不容缓！"。

(2) 第二张幻灯片:"标题和内容"版式,标题文本为"雾霾,已成为今天的痛",内容文本为"近期,中国北部又出现了大面积的雾霾,有毒空气遮蔽了阳光,让城市笼罩在一片灰色之中,医院的呼吸科人满为患。雾霾中含有包括重金属等有害物质的颗粒物,在人们毫无防范的时候侵入人体呼吸道和肺叶中,轻则会造成鼻炎等鼻腔疾病外,重则会造成肺部硬化,甚至还有可能造成肺癌。"

(3) 第三张幻灯片:"两栏内容"版式,标题文本为"雾霾的成因",内容文本为"导致空气质量下降的污染物有二氧化硫、二氧化氮、一氧化碳、可吸入颗粒物、臭氧等。在一些地区,尤其是大城市,工业生产、机动车尾气、建筑施工、冬季取暖烧煤等排放的有害物质难以扩散,导致空气质量显著下降。这几天,可吸入颗粒物 PM10 和 PM2.5 是首要污染物。"图片为"素材\图片素材\照片 1.jpg"。

(4) 第四张幻灯片:"比较"版式,标题文本为"保护环境 刻不容缓!",副标题文本为"蓝天下的首都"和"雾霾下的首都",图片为"素材\图片素材\照片 2.jpg"和"素材\图片素材\照片 3.jpg"。

演示文稿最终效果如图 7-11 所示,完成后浏览并放映演示文稿。

图 7-11 "人与自然"演示文稿示例

实 验 报 告

课程：   实验题目：演示文稿的基本操作

姓名		班级		组（机）号		时间	

实验目的： 1. 掌握在 PowerPoint 2010 中创建新演示文稿的方法。
2. 掌握在幻灯片中添加和编辑内容的方法。
3. 掌握设置演示文稿主题、应用幻灯片版式和在演示文稿中新建幻灯片的方法。
4. 了解 PowerPoint 2010 的视图模式。
5. 掌握幻灯片的浏览和放映方法。

实验要求： 1. 新建一个演示文稿，命名为"SY1"。
2. 应用"平衡"主题。
3. 在标题幻灯片中输入标题"走进成都"，副标题"成都，一个来了就不想走的地方"。
4. 插入一张"标题和内容"版式的幻灯片，输入标题文字"成都美景"，插入"素材\图片素材\照片 4.jpg"，并调整图片的大小和位置。
5. 插入一张"两栏内容"版式的幻灯片，输入标题文字"成都美食"，插入"素材\图片素材\照片 5.jpg"和"素材\图片素材\照片 6.jpg"。
6. 插入一张"仅标题"版式的幻灯片，输入标题文字"欢迎您到成都来！"，并插入一个文本框，输入以下文字：
成都，一个来了就不想走的地方
成都，一个让人流连忘返的地方
成都，一个梦想升起的地方
成都……
7. 放映演示文稿。
演示文稿样板如图 7-12 所示。

实验内容与步骤：

实验分析：

实验指导教师		成 绩	

图 7-12 实验样板

第三部分 幻灯片动画设置

一、实验目的

（1）掌握设置幻灯片切换动画操作。
（2）掌握在幻灯片中添加动画和自定义动画的方法。

二、实验要点

◆ 设置幻灯片切换动画。
使用"切换"选项卡中的工具可以设置幻灯片切换动画效果。
◆ 设置幻灯片动画方案。
选择要设置动画的对象（可以是占位符、文本框、图片等）后，可以使用"动画"选项卡中的工具设置幻灯片中对象的动画效果。
◆ 自定义动画方案。
单击"动画"选项卡"高级动画"组中的"动画窗格"按钮，显示动画窗格，可以设置对象的顺序和时间安排。
◆ 设置幻灯片放映方式。
单击"幻灯片放映"选项卡"设置"组中的"设置幻灯片放映"按钮，在弹出的"设置放映方式"对话框中设置即可。

三、实验内容与实验步骤

◆ 打开"年终总结.pptx"演示文稿，设置幻灯片切换动画。
（1）选择"文件"｜"打开"命令，打开"年终总结.pptx"演示文稿。
（2）在"切换"选项卡"切换到此幻灯片"组的样式列表框中选择幻灯片的切换方式为"推进"。
（3）单击"效果选项"按钮，从弹出菜单中选择切换效果为"自右侧"。
（4）在"计时"组中设置切换幻灯片的声音为"推动"，持续时间为 4 秒。单击"全部应用"按钮将该声效应用于所有幻灯片，如图 7-13 所示。

图 7-13 设置幻灯片内容的动画效果

（5）按键盘上的 F5 键观看幻灯片切换结果。
◆ 为"年终总结.pptx"演示文稿设置幻灯片动画效果。
（1）在"年终总结"演示文稿中选中第一张幻灯片中的标题占位符，然后在"动画"选项卡"动画"组的样式列表框中选择动画效果为"浮入"。

（2） 单击"效果选项"按钮，从弹出菜单中选择"下浮"命令。

（3） 在"计时"组中设置开始时间为"上一动画之后"，持续时间 1 秒，如图 7-14 所示。

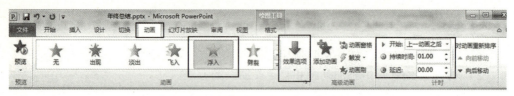

图 7-14 设置幻灯片内容的动画效果

（4） 选中副标题占位符，参照上述步骤设置动画效果为"飞入"，效果选项"自右侧"，开始时间"上一动画之后"，持续时间 1 秒。

（5） 在"幻灯片/大纲"窗格中选中第二张幻灯片，使其显示在幻灯片窗格中，依次设置左侧标题的动画效果为自左侧飞入、左侧内容向上浮入、右侧标题自右侧飞入、右侧内容向上浮入，开始时间均为"上一动画之后"，持续时间 1 秒。

（6） 选中第三张幻灯片，设置标题文本的动画效果为淡出，内容文本的动画效果为向上浮入，开始时间均为"上一动画之后"，持续时间 1 秒。

（7） 选择最后一张幻灯片，设置文本动画效果为弹跳，开始时间为"上一动画之后"，持续时间 2 秒。

（8） 保存幻灯片，单击"幻灯片放映"选项卡"开始放映幻灯片"组中的"从头开始"按钮预览幻灯片最终效果。

四、实验任务

◆ 打开"人与自然.pptx"演示文稿，进行以下设置：

（1） 设置幻灯片切换方式为"涡流"，切换效果为"自左侧"，声音效果为"炸弹"，持续时间为 4 秒，应用于所有幻灯片。

（2） 第一张幻灯片中标题和副标题的动画效果均为"缩放"，开始时间为"上一动画之后"，持续时间 1 秒。

（3） 第二张幻灯片中标题动画效果为缩放，内容文本的动画效果为向上浮入，开始时间均为上一动画之后，持续时间 1 秒。

（4） 第三张幻灯片中标题动画效果为缩放，文本内容动画效果为自左侧飞入，图片动画效果为脉冲，开始时间均为上一动画之后，持续时间 1 秒。

（5） 第四张幻灯片中标题动画效果为缩放，左侧副标题动画效果为自左侧飞入，左侧图片动画效果为脉冲，右侧副标题动画效果为自右侧飞入，右侧图片动画效果为脉冲，开始时间均为上一动画之后，持续时间 1 秒。

（6） 从头观看幻灯片切换效果和动画效果。

实　验　报　告

课程：　　　　　　　　　　　　　　　　　　　　　实验题目：<u>幻灯片动画设置</u>

姓名		班级		组（机）号		时间	

实验目的：	1. 掌握设置幻灯片中对象动画效果的方法。 2. 掌握设置幻灯片切换效果的方法。
实验要求：	1. 新建一个名为"SY2"的演示文稿文件，应用"气流"主题，添加两张幻灯片，制作一个包含3张幻灯片的演示文稿。 2. 删除第一张幻灯片中的副标题占位符，在标题文本框中输入"古诗鉴赏"，设置为艺术字"填充-蓝色，强调文字颜色1，塑料棱台，映像"并调整标题占位符的位置。 3. 在第二张幻灯片中输入贺知章的《咏柳》，并插入"素材\图片素材\照片7.jpg"。 4. 在第三张幻灯片中输入李白的《望庐山瀑布》，并插入"素材\图片素材\照片8.jpg"。 5. 将第1张幻灯片上的文字设置为轮子效果，效果选项为8轮幅图案。 6. 设置第2、3张幻灯片上的标题动画效果为向上浮入，图片动画效果为轮子，内容动画效果为向下飞入。 7. 设置幻灯片切换效果为"覆盖"，声音效果为"微风"。 演示文稿样板如图7-15所示。
实验内容与步骤：	
实验分析：	
实验指导教师			成　绩		

古诗鉴赏

唐 贺知章

碧玉妆成一树高,
万条垂下绿丝绦。
不知细叶谁裁出,
二月春风似剪刀。

＊咏柳

唐 李白

日照香炉生紫烟,
遥看瀑布挂前川。
飞流直下三千尺,
疑是银河落九天。

＊望庐山瀑布

图 7-15　实验效果

第四部分　演示文稿提高应用

一、实验目的

(1) 掌握幻灯片母版设计和制作的方法。
(2) 学会在幻灯片中插入视频、音频、动作按钮和超链接。
(3) 了解将演示文稿打包为 CD 的方法。

二、实验要点

◆ 幻灯片母版的设计和制作。

单击"视图"选项卡"母版视图"组中的"幻灯片母版"可以进入幻灯片母版视图，设计制作幻灯片母版。在"幻灯片母版"选项卡中单击"关闭母版视图"按钮可以退出母版编辑状态，返回普通视图。

◆ 插入音频、视频、动作按钮和超链接。

使用"插入"选项卡"媒体"组中的工具可在幻灯息中插入音频文件和视频文件；使用"插入"选项卡"插图"组中"形状"工具中的"动作按钮"工具可插入动作按钮；使用"插入"选项卡"链接"组中的"超链接"工具可插入超链接。

◆ 将演示文稿打包成 CD。

选择"文件"｜"保存并发送"｜"将演示文稿打包成 CD"命令。

三、实验内容与实验步骤

◆ 新建一个演示文稿，设计与制作幻灯片母版，并保存为"母版.pptx"。

(1) 启动 PowerPoint 2010，将默认创建的演示文稿保存为"母版.pptx"，单击"视图"选项卡"母版视图"组中的"幻灯片母版"按钮，进入幻灯片母版视图。

(2) 单击"幻灯片母版"选项卡"背景"组中的"背景样式"按钮，弹出"设置背景格式"对话框，在"填充"选项卡中选中"图片或纹理填充"单选项，然后单击"文件"按钮，从弹出的对话框中选择"素材\图片素材\背景 3.jpg"，单击"插入"按钮，然后在"设置背景格式"对话框中单击"全部应用"按钮，如图 7-16 所示。

(3) 在标题占位符中单击，将幻灯片母版标题格式设置为隶书、48 磅，应用艺术字样式"渐变填充-黑色，轮廓-白色，外部阴影"。

(4) 在副标题占位符中单击，设置文本格式为仿宋、加粗、32 磅。

(5) 单击左窗格中标题和内容版式的幻灯片，设置母版标题样式为华文行楷，44 磅，设置正文文本样式为楷体、加粗。

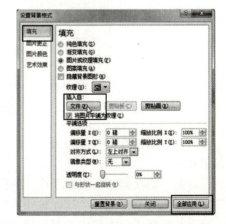

图 7-16　"幻灯片母版"选项卡

（6）单击左窗格中两栏内容版式的幻灯片，设置母版标题样式为华文行楷、44 磅，设置正文文本样式为楷体、加粗。

（7）单击"幻灯片母版"选项卡"关闭"组的"关闭母版视图"按钮返回普通视图。

◆ 利用母版编辑演示文稿，并在演示文稿中插入动作按钮和超链接。

（1）打开"母版.pptx"演示文稿，在默认的幻灯片中输入标题"植物世界"和副标题"小型植物"。

（2）插入一张"标题和内容"版式的新幻灯片，在标题占位符中输入"盆栽植物"；在内容占位符中输入"芦荟 仙人掌"，并使其在占位符中居中对齐。

（3）插入一张两栏内容的幻灯片，在标题占位符中输入"芦荟"；在左侧的内容占位符中插入"素材\图片素材\植物 1.jpg"；在右侧的内容占位符中输入"芦荟，常绿、多肉质的草本植物，原产于地中海、非洲，因易于栽种，为花叶兼备的观赏植物，颇受大众喜爱。芦荟集食用、药用、美容、观赏于一身，其泌出物的主要有效成分是芦荟素等蒽醌类物质，已广泛应用到医药和日化中。芦荟在中国民间就被作为美容、护发和治疗皮肤疾病的天然药物。"并将内容占位符设置为"细微效果-橄榄色，强调颜色 3"。

（4）再插入一张两栏内容的幻灯片，在标题占位符中输入"仙人掌"；在左侧的内容占位符中插入"素材\图片素材\植物 1.jpg"；在右侧的内容占位符中输入"芦荟，常绿、多肉质的草本植物，原产于地中海、非洲，因易于栽种，为花叶兼备的观赏植物，颇受大众喜爱。芦荟集食用、药用、美容、观赏于一身，其泌出物的主要有效成分是芦荟素等蒽醌类物质，已广泛应用到医药和日化中。芦荟在中国民间就被作为美容、护发和治疗皮肤疾病的天然药物。"并将内容占位符设置为"细微效果-橄榄色，强调颜色 3"。

（5）切换到第二张幻灯片，选择内容占位符中的"芦荟"，单击"插入"选项卡"链接"组中的"超链接"按钮，在弹出的"插入超链接"对话框中设置链接到本文档中的"芦荟"幻灯片，如图 7-17 所示。

图 7-17 设置超链接

（6）用同样的方法为第二张幻灯片中的"仙人掌"文字设置到"仙人掌"幻灯片的超链接。

（7）切换到第三张幻灯片"芦荟"，单击"插入"选项卡"插图"组中的"形状"按钮，从弹出菜单中选择"动作按钮"栏的"后退或前一项"图标，然后在页面右上角绘制一个动作按钮，并在弹出的对话框中选择"超链接到"下拉列表框中的"幻灯片"选项，从弹出对话框中选择第二张幻灯片"盆栽植物"，设置按钮动作，如图 7-18 所示。

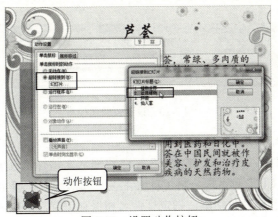

图 7-18 设置动作按钮

(8) 切换到第四张幻灯片"仙人掌",用同样的方法为其添加动作按钮,并设置到第二张幻灯片"盆栽植物"的动作。

(9) 从头播放演示文稿,单击幻灯片中的超链接文字和动作按钮,测试跳转效果。演示文稿最终效果如图 7-19 所示。

图 7-19 "母版"演示文稿最终效果

◆ 在演示文稿中插入背景音乐。

(1) 切换到第一张幻灯片,单击"插入"选项卡"媒体"组中的"音频"按钮,从弹出菜单中选择"文件中的音频"命令,选择 see you again,单击"插入"按钮。

(2) 将音频图标移动到幻灯片右上角,在"播放"选项卡"音频选项"组中设置开始时间为"跨幻灯片播放",播放方式为"循环播放,直到停止",且放映时隐藏音频图标,如图 7-20 所示。

（3）放映演示文稿浏览音频播放效果。

图 7-20　设置音频选项

◆ 打包演示文稿。

（1）选择"文件"|"保存并发送"|"将演示文稿打包成 CD"|"打包成 CD"按钮，弹出"打包成 CD"对话框。将 CD 命名为"母版 CD"，单击"复制到文件夹"按钮，弹出"复制到文件夹"对话框，指定文件名和保存位置，确定，如图 7-21 所示。

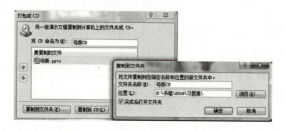

图 7-21　将演示文稿打包到 CD

（2）在弹出的提示对话框中单击"是"按钮，系统开始将演示文稿复制到文件夹。

（3）打开保存打包文件的文件夹，双击"母版.pptx"，打开并播放幻灯片。

四、实验任务

◆ 参照"人与自然"演示文稿的内容新建一个演示文稿，在第一张幻灯片后面插入一张标题和内容版式的幻灯片，在标题占位符中输入"人与自然"，在内容占位符中输入后几张幻灯片的标题作为目录，然后设置各行文字到对应幻灯片的链接，并在对应幻灯片中添加返回目录幻灯片（具体操作参见上节）。

第五部分 成人计算机考试综合练习题——PowerPoint 模块

一、单项选择题

（1）PowerPoint 2010 演示文稿的默认扩展名是（ ）。
  A. PTT B. PTTX
  C. PPT D. PPTX

（2）创建空白演示文稿的快捷键是（ ）。
  A. Ctrl+P B. Ctrl+S
  C. Ctrl+X D. Ctrl+N

（3）要修改幻灯片中文本框内的内容，应该（ ）。
  A. 首先删除文本框，然后再重新插入一个文本框
  B. 选择该文本框所要修改的内容，然后重新输入文字
  C. 重新选择带有文本框的版式，然后再向文本框中输入文字
  D. 用新插入的文本框覆盖原文本框

（4）在演示文稿中按 End 键可以（ ）。
  A. 将鼠标指针移动到一行文本最后
  B. 将鼠标指针移动到最后一张幻灯片中
  C. 切换至下一张幻灯片
  D. 切换到最后一张幻灯片

（5）想要查看整个演示文稿的内容，可使用（ ）。
  A. 普通视图 B. 大纲视图
  C. 幻灯片浏览视图 D. 幻灯片放映视图

（6）在 PowerPoint 2010 编辑状态下，用鼠标拖动方式进行复制操作，需按下（ ）键。
  A. Shift B. Ctrl
  C. Alt D. Alt+Ctrl

（7）动作按钮是一种（ ）。
  A. 形状 B. 图片
  C. 动画按钮 D. SmartArt 图形

（8）通过（ ）可以快速而轻松地设置整个演示文稿的格式。
  A. 应用主题 B. 设置幻灯片母版
  C. 设置幻灯片版式 D. 设置背景颜色

（9）要在幻灯片中播放声音但又不想增加演示文稿的大小，可以（ ）。
  A. 插入文件中的声音 B. 插入剪辑库中的声音
  C. 插入 CD 音乐 D. 自己录制声音

（10）（ ）不是幻灯片母版的格式。

A. 大纲母版 B. 幻灯片母版
C. 标题母版 D. 备注母版

（11）要在切换幻灯片时发出声音，应（   ）。
A. 在幻灯片中插入声音 B. 设置幻灯片切换声音
C. 设置幻灯片切换效果 D. 设置声音动作

（12）要从头播放演示文稿，可按（   ）键。
A. F5 B. Shift+F5
C. Ctrl+F5 D. Alt+F5

（13）在 PowerPoint 2010（   ）视图环境下，不可以对幻灯片内容进行编辑。
A. 幻灯片 B. 幻灯片浏览
C. 幻灯片放映 D. 黑白

（14）如果要从一张幻灯片溶解到下一张幻灯片，应执行（   ）操作。
A. 动作设置 B. 预设动画
C. 幻灯片切换 D. 自定义动画

（15）将演示文稿进行打包后，可以把该演示文稿（   ）。
A. 装起来带走
B. 发布到网上
C. 在没有安装 PowerPoint 的电脑中放映
D. 刻成 CD

二、多项选择题

（1）PowerPoint 是一种能够制作集（   ）为一体的多媒体演示或展示制作软件。
A. 文字 B. 图形
C. 图像 D. 声音
E. 视频剪辑

（2）幻灯片中占位符的作用是（   ）。
A. 表示文本长度 B. 表示图形大小
C. 为文本预留位置 D. 为图形预留位置

（3）为了将演示文稿打印到纸上，通常会采用（   ）视图进行预览。
A. 幻灯片浏览 B. 大纲
C. 灰度 D. 黑白

（4）PowerPoint 为了建立、编辑、浏览、放映幻影片的需要，提供了多种不同的视图，有（   ）。
A. 幻影片视图 B. 大纲视图
C. 幻灯片浏览 D. 备注页视图
E. 幻灯片放映

（5）PowerPoint 母版可分成（   ）。
A. 幻灯片母版 B. 标题幻灯片母版
C. 讲义母版 D. 备注母版

（6）在默认情况下，幻灯片母版中有 5 个占位符，来确定幻灯片母版的版式，这主要包括（   ）。
    A. 页脚区   B. 日期区
    C. 对象区   D. 标题区
    E. 状态区   F. 数字区

（7）在放映时如果想切换到下一张幻灯片，其操作为（   ）。
    A. 单击鼠标左键   B. 按 Enter 键
    C. 按 P 键   D. 按 N 键
    E. 按方向键→

（8）在幻灯片浏览视图中要移动或复制幻灯片，可以使用的方法为（   ）。
    A. 鼠标拖动
    B. 使用"开始"选项卡上"剪贴板"组中的"剪切"、"复制"、"粘贴"按钮
    C. 按 Ctrl+X、Ctrl+C、Ctrl+V 组合键
    D. 按右键选取相应的命令

（9）在 PowerPoint 2007 中控制幻灯片外观的方法有（   ）。
    A. 应用主题   B. 使用样式
    C. 修改母版   D. 设置幻灯片版式

（10）在 PowerPoint 中可插入（   ）。
    A. Word 文档   B. Excel 图表
    C. 声音   D. Excel 工作表
    E. 其他的 PowerPoint 演示文稿

（11）如果要从第 2 张幻灯片跳到第 8 张幻灯片，应使用（   ）。
    A. "插入"选项卡上的"动作设置"按钮
    B. "插入"选项卡上的"超链接"按钮
    C. "幻灯片放映"选项卡上的"设置幻灯片放映"按钮
    D. "动画"选项卡上的"自定义动画"按钮

（12）演示文稿的备份文件可以保存为（   ）格式。
    A. PowerPoint 放映   B. PPT
    C. PPTX   D. 网页
    E. 图像

三、判断题

（1）在 PowerPoint 中，隐藏幻灯片是指幻灯片在放映时不出现。（   ）
（2）在 PowerPoint 中的插入对象操作只能在"幻灯片大纲视图"中完成。（   ）
（3）在 PowerPoint 中，只能插入 Word、Excel 等 Office 组件创建的对象，不能插入其他程序创建的对象。（   ）
（4）在幻灯片中插入声音成功，则在幻灯片中显示一个喇叭图标。（   ）
（5）在 PowerPoint 中无法直接生成表格，只能借助其他软件完成。（   ）
（6）在演示文稿设计中，一旦选中某个主题，则所有幻灯片均采用此设计。（   ）

（7） 绘制形状时，选择图形样式以后单击幻灯片视图中的任意位置，即可插入图形。（　　）

（8） 幻灯片的编辑只能在普通视图中进行。（　　）

（9） 在幻灯片窗格中单击缩略图可以切换到相应幻灯片。（　　）

（10） 在 PowerPoint 2010 中可以直接插入 Word 文档中的文本，并且每个段落都成为单个幻灯片的标题。（　　）

（11） 在幻灯片中按 Tab 键可取消项目符号。（　　）

（12） 单击"文本框"按钮后，在幻灯片中拖动鼠标指针可以插入一个单行横排文本框。（　　）

（13） 在 PowerPoint 2010 中可以直接将已有文本转换成艺术字。（　　）

（14） 在 PowerPoint 2010 中可以设置占位符的形状样式。（　　）

（15） 幻灯片背景中的图片或图形是不可隐藏的，因此在母版中插入图形时需谨慎。（　　）

参 考 答 案

模块一

1. 填空题

   (1) 中央处理器　CPU
   (2) 记忆存储　存放数据和程序
   (3) 台式电脑　笔记本电脑　掌上电脑　平板电脑　嵌入式计算机
   (4) 血脉和神经　CPU
   (5) 应用　系统
   (6) 无线网络
   (7) 软件系统　硬件系统

2. 单项选择题

   (1) B　　　　(2) C
   (3) A　　　　(4) C

3. 判断题

   (1) 正确　　　(2) 错误
   (3) 错误　　　(4) 错误
   (5) 正确　　　(6) 正确

模块二

1. 填空题

   (1) 桌面　工作区
   (2) 255
   (3) 主文件名　扩展名　文件类型
   (4) 桌面
   (5) Ctrl+A
   (6) 卸载或更改程序
   (7) 打开
   (8) 窗口图标
   (9) 调整窗口大小
   (10) 文档
   (11) 双击

(12) DEL
(13) 计算机
(14) 磁盘
(15) 剪切
(16) 回收站
(17) "文件"|"删除"
(18) 附件
(19) 任务栏
(20) 开始
(21) Ctrl+Shift　Ctrl+空格键

2. 单项选择题

(1) B　　(2) D　　(3) A
(4) A　　(5) A　　(6) B
(7) C　　(8) D　　(9) D
(10) C　　(11) A　　(12) A
(13) A　　(14) B　　(15) C

3. 多项选择题

(1) ABCDE　　(2) ACEF　　(3) BCD
(4) ABCD　　(5) ACD　　(6) AD
(7) ABD　　(8) AC　　(9) ABD
(10) ABD　　(11) AD　　(12) ABD
(13) ABD　　(14) ABC　　(15) ACD
(16) ABD　　(17) ABCDE　　(18) ABC

4. 判断题

(1) 错误　　(2) 错误　　(3) 正确
(4) 正确　　(5) 正确　　(6) 正确
(7) 正确　　(8) 错误　　(9) 错误
(10) 正确　　(11) 正确　　(12) 正确
(13) 错误　　(14) 正确　　(15) 正确

模块三

1. 填空题

(1) 主键区　功能键区　编辑键区　辅助键区　状态指示区
(2) 上档键
(3) 空格　F　J
(4) Windows 任务管理器
(5) 删除　后

（6） 退格　前

（7） 一级简码

（8） 全码的前两位　前两个

（9） KWWL

（10） 一　大　G　D

2. 单项选择题

（1） A　　　　（2） C　　　　（3） B
（4） A　　　　（5） D　　　　（6） C
（7） B　　　　（8） B　　　　（9） A
（10） B

3. 多项选择题

（1） AC　　　　（2） CD　　　　（3） AD
（4） AC　　　　（5） ABCE　　　（6） ABCDE
（7） ABCDE　　（8） ABCD　　　（9） CD
（10） ABCDE

4. 判断题

（1） 错误　　　（2） 正确　　　（3） 错误
（4） 正确　　　（5） 错误　　　（6） 错误
（7） 正确　　　（8） 正确　　　（9） 正确
（10） 错误

模块四

1. 填空题

（1） 共享信息和资源

（2） Internet　国际因特网

（3） ISP

（4） Word Wide Web　万维网

（5） 通信协议　TCP/IP 协议

（6） URL

（7） 用户名　邮件服务器　@

（8） 服务器端　本地计算机上

（9） 本地计算机　其他的计算机

（10）

2. 单项选择题

（1） D　　　　（2） B　　　　（3） D
（4） A　　　　（5） B　　　　（6） D

（7） A （8） B （9） C
（10） B

3. 多项选择题

（1） ACD （2） AB （3） ABD
（4） ABD （5） ABCD （6） ABCDE
（7） ABCDEF （8） ABCD （9） ABC

3. 判断题

（1） 正确 （2） 错误 （3） 正确
（4） 错误 （5） 正确 （6） 错误
（7） 错误 （8） 错误 （9） 正确

模块五

1. 填空题

（1） 保存、撤销、重复
（2） 功能区
（3） 选中
（4） 回车
（5） 撤销
（6） Ctrl
（7） "文件" | "另存为"
（8） "开始"工具栏上的样式列表
（9） 下沉　悬挂
（10） SmartArt 图形
（11） Ctrl+A
（12） 邮件合并
（13） 形状
（14） 各级标题
（15） 公式编辑器

2 单项选择题

（1） B （2） C （3） D
（4） C （5） A （6） C
（7） D （8） B （9） B
（10） B （11） B （12） A
（13） A （14） C （15） C

3 多项选择题

（1） ACDE （2） ABC （3） ABCD

（4） AD （5） AEF （6） BC
（7） BD （8） ABC （9） BCD
（10） ABCEF （11） ADE （12） ABC
（13） ACD （14） ABCD （15） ACD

4 判断题

（1） 正确 （2） 错误 （3） 正确
（4） 正确 （5） 正确 （6） 正确
（7） 正确 （8） 错误 （9） 正确
（10） 正确 （11） 错误 （12） 错误
（13） 错误 （14） 错误 （15） 正确

模块六

1. 填空题

（1） .xlsx
（2） 表格　含有数据
（3） 数字　字母
（4） Tab　Enter
（5） 2
（6） F4
（7） ＝A2+$C7　＝E3+$C8
（8） E，F，G
（9） Ctrl+Shift
（10） 活动单元格
（11） 靠左
（12） 左　上
（13） ＝　表达式
（14） 排序　有列标记
（15） 临时隐藏重复的值

2. 单项选择题

（1） C （2） D （3） A
（4） B （5） B （6） B
（7） D （8） D （9） C
（16） C （17） B （18） D
（19） A （20） D （21） C

3. 多项选择题

（1） ABCD （2） ABCD （3） ABD
（4） ABCD （5） ABCD （6） ABC

（7）ABC （8）ACD （9）ABCD
（10）ABCD （11）ABCD （12）ABCD
（13）ABCD （14）ABCDEF （15）ACD

4. 判断题

（2）正确 （2）错误 （3）正确
（4）正确 （5）正确 （6）正确
（7）正确 （8）错误 （9）错误
（10）正确 （11）正确 （12）错误
（13）错误 （14）正确 （15）正确

模块七

1. 单项选择题

（1）D （2）D （3）B
（4）D （5）C （6）B
（7）A （8）A （9）C
（10）A （11）B （12）A
（13）D （14）C （15）C

2. 多项选择题

（1）ABCDE （2）CD （3）CD
（4）ABDE （5）ABCD （6）ABCDF
（7）ABCDEFG （8）ABCD （9）ACD
（10）ABCDE （11）AB （12）ABCDE

3. 判断题

（1）错误 （2）错误 （3）错误
（4）正确 （5）错误 （6）错误
（7）错误 （8）错误 （11）正确
（10）正确 （11）错误 （12）错误
（13）正确 （14）正确 （15）错误